高等教育 装配式建筑系列教材

装配式混凝土建筑概论

（第3版）

主 编
刘晓晨　郑卫锋　刘 聪

副主编
王 鑫　赵宗波　兰 宇

主 审
王全杰

重庆大学出版社

内容提要

本书是《高等教育装配式建筑系列教材》之一。本教材以装配式混凝土建筑为主，简要介绍钢结构和木结构装配式建筑，让学生对装配式建筑有比较全面的认识。全书分 8 章，介绍了装配式建筑概述、装配式混凝土建筑方案设计、装配式混凝土建筑深化设计、装配式混凝土构件制作、装配式混凝土建筑施工、装配式建筑智能建造、绿色建筑与近零能耗建筑、装配式建筑人才培养等。本书内容紧贴行业政策和规范、规程，大量参考装配式建筑企业的生产工艺和标准制度，并配套优质的数字化教学资源，便于教学。

本书适合作为高等职业教育建筑工程方向的教材使用，也可作为建筑从业人员自学和培训用书。

图书在版编目 CIP 数据

装配式混凝土建筑概论 / 刘晓晨, 郑卫锋, 刘聪主编 . -- 3 版 . -- 重庆 : 重庆大学出版社, 2025.8.
(高等教育装配式建筑系列教材). -- ISBN 978-7-5689-4711-4

Ⅰ . TU37

中国国家版本馆 CIP 数据核字第 2024FZ4978 号

装配式混凝土建筑概论
（第 3 版）

主编　刘晓晨　郑卫锋　刘　聪

责任编辑:林青山　　版式设计:林青山
责任校对:王　倩　　责任印制:赵　晟

*

重庆大学出版社出版发行

社址:重庆市沙坪坝区大学城西路 21 号

邮编:401331

电话:(023)88617190　88617185(中小学)

传真:(023)88617186　88617166

网址:http://www.cqup.com.cn

邮箱:fxk@cqup.com.cn(营销中心)

全国新华书店经销

重庆市正前方彩色印刷有限公司印刷

*

开本:787 mm×1092 mm　1/16　印张:13.25　字数:299 千

2018 年 1 月第 1 版　2025 年 8 月第 3 版　2025 年 8 月第 1 次印刷(总第 12 次印刷)

印数:25 201—28 000

ISBN 978-7-5689-4711-4　定价:49.00 元

前　言（第3版）

Preface

　　城市化进程的历史经验表明,城市化往往需要牺牲生态环境和消耗大量资源来进行城市建设。前几年,我国城镇化正处于快速提升期,预计至2025年全国城镇化率将达到60%以上。据统计,城镇化率每提高1%,就要新增城市用水17亿 m^3 ,消耗标准煤6 000万t。而现有建筑行业发展很大程度上仍依赖高速增长的固定资产投资,发展模式粗放,工业化、信息化、标准化水平偏低,管理手段还比较落后,建造资源耗费量大,同时面临劳动力成本上升甚至劳动力短缺的状况。因此,综合考虑快速城市化的可持续发展问题,改变建筑业的传统生产方式,大力推进建筑产业现代化是城市可持续发展的重要战略。而实现建筑产业现代化的有效途径之一就是发展装配式建筑。

　　2016年2月6日,《中共中央、国务院关于进一步加强城市规划建设管理工作的若干意见》及2016年9月27日国务院常务会议审议通过的《关于大力发展装配式建筑的指导意见》中提出,10年内,我国新建建筑中,装配式建筑比例将达到30%。在以上文件精神的要求和激励下,近年来,我国每年建造上亿平方米装配式建筑,这个规模和发展速度在世界建筑产业进程中是前所未有的。装配式建筑建造产能喜人的同时,在建造技术和管理上的问题也中技术与管理问题、提升建造质量的行业要求迫在眉睫,培养成千上万名技术容缓。

　　报告提出,加快构建新发展格局,着力推动高质量发展。新时期,建筑业将续发力,积极与机械化、信息化、智能化技术结合,深度开发和推广装配式建筑技术,推动建筑产业现代化转型。

　　基于对我国建筑业经济结构转型升级、供给侧改革和行业发展趋势的认识,为推进建筑产业现代化,适应新型建筑工业化的发展要求,大力推广应用装配式建筑技术,指导高等院校与企业正确掌握装配式建筑技术原理和方法,便于工程技术人员在工程实践中操作和应用,我们组织编写了本书。本书由辽宁城市建设职业技术学院、广联达科技股份有限公司采用校企合作的模式共同编写、开发完成,由"建筑云课"提供在线微课支持服务。本书的编写以装配式建筑国家和行业最新标准、规程为依据,结合大量装配式混凝土建筑设计、生产、施工和管理经验,吸收了大量新工艺、新技术、新设备、新方法,层次分明,通俗易懂。

　　本书第一版于2018年出版后,得到了广大读者的欢迎,感谢读者向编者反馈的意见和建议。为了紧跟行业发展,完善工艺技术,契合规范规程修订内容,编写团队对本书进行了修订再版。本次再版补充了第6章"装配式建筑智能建造"和第7章"绿色建筑与近零能耗建筑",并对原版内容进行了更新、整合与精简。

　　本书的编写参考了大量的文献资料,其中很多资料已无法追溯到原作者,对所引用文献资料未能一一注明。在此,编写团队向所有企业、专家和原作者致以真诚的感谢和深深的歉意。由于编者的水平有限,书中难免会有疏漏、不足之处,恳请广大读者批评指正。

编者

2025 年 2 月

目　录

Contents

第1章　装配式建筑概述

教学目标：

1. 了解装配式建筑发展的现实需求和支持条件；

2. 理解装配式建筑的理念；

3. 理解装配式建筑的建造原则；

4. 理解装配式建筑的评价标准，能够对装配式建筑项目进行评价；

5. 了解装配式建筑的类别，以及各类别的工程特点；

6. 了解国内外装配式建筑的发展历程与现状。

素质目标：

1. 建立对从事装配式建筑行业的身份认同感和岗位责任感；

2. 培养勤奋好学、善于思考的致学态度；

3. 培养严谨务实、细致认真的工作习惯。

1.1　装配式建筑发展背景

1.1.1　现实需求

建筑业在国民经济中的作用十分突出，是名副其实的支柱产业。在全面建成小康社会、实现中华民族伟大复兴的中国梦过程中，建筑行业责任巨大。我国自改革开放以来，建筑行业蓬勃发展，不仅为人民提供了适用、安全、经济且美观的居住和生产生活环境，提高了人民的生活水平，还改善了城市与乡村的面貌，推进了城市化的进程。

然而，随着我国各个领域都取得了巨大的发展，建筑行业传统的建造方式已经遇到了严重的瓶颈，暴露了诸多严重的问题。这主要体现在以下方面。

1)环境污染严重

我国建筑业传统的建造方式多为粗放式生产，对环境造成了严重的污染和破坏，影响了人们的生存质量(图1.1)。现场土方工程量大，湿作业工作量大，加之文明施工和环境保护的技术措施得不到切实有效的监管和落实，导致建筑业对环境严重的污染。

图1.1　传统建筑业污染严重

2）建造效率偏低

传统的建筑业建造方式中,绝大多数的建造环节都是在工地现场完成。受工地现场作业条件和环境的影响,施工机械应用效率大打折扣,大量施工环节需要依靠建筑工人手工完成,严重影响了建筑业的建造效率和质量(图1.2)。

图1.2　传统建筑业手工作业

此外,传统的建造方式将大量的湿作业任务安排在工地现场进行,而湿作业对环境污染严重,其需要养护凝结的工艺特点导致耗时增加,影响紧后工作的进行,进而影响建造效率。

3）管理模式落后

目前,我国多数建设项目的勘察、设计、施工以及材料供应等工作是由不同企业分别负责完成,各企业之间往往不能实现良好有效的沟通。个别企业甚至只考虑本企业的自身利益,对项目的整体效益和社会公共利益漠不关心。以上问题往往导致各方的意图得不到互相的理解和积极的贯彻,即使错误被发现了也因事不关己而得不到及时的纠正,进而为建设项目的质量和安全埋下隐患。

4）可预见的用工荒

传统建造方式的建筑工地现场,需要大量的建筑工人从事各工种的手工作业和机械操作。手工作业的建筑工人,工作强度高,作业环境差,且相对其他工作具有较高的危险性。

这样的工作条件导致从业人员流失严重,并且有意愿投身这类工作岗位的人员越来越少,建筑行业可能会出现用工荒。

5)其他问题

此外,建筑行业传统的建造方式还存在其他一些问题,如工期过长、从业人员素质普遍偏低等。这些都在阻碍建筑行业的进一步发展。

基于以上问题,我国的建筑行业急需进行产业升级,转变生产和施工方式,以迎合新时期、新形势对建筑行业的要求。

1.1.2 支持条件

虽然建筑行业的产业升级势在必行,但是产业升级不能盲目冒进,需要在有利的现实基础的支持下逐步推进。目前,建筑行业对产业转型升级的支持条件,主要表现在以下几个方面。

1)结构性能安全可靠

目前,我国钢筋混凝土结构的建筑主要采用现场浇筑的施工方式。现浇结构施工技术经过数十年的积累和沉淀,在结构安全性上已经相当成熟。只要严格按照国家和行业要求进行合理的勘察、设计、施工、监理以及材料供应与采购,在合理的使用荷载以及小震状态下,绝大多数建筑物都表现出良好的结构性能。

以汶川地震为例,据民政局统计,2008年的汶川地震共倒塌房屋696万间,但其中城镇房屋占比不到20%。数据和事实表明,凡是20世纪90年代后新建、改建、加固的房屋,只要是执行了1989年版或更新版本的《建筑抗震设计规范》,在地震中极少出现倒塌现象。可见,现阶段的建筑只要严格执行建筑规范规程的要求,都能够实现"小震不坏,中震可修,大震不倒"的抗震设计目标,即使在大震中依然能够保障居住者的生命安全。

基于目前建筑行业技术成熟、房屋质量安全可靠的现实基础,建筑行业有能力在保持良好的产品质量的同时,探索更环保、更高效、更精准、更机械化、更节约的生产方式。

2)生产施工能力提高

进入21世纪以来,我国工业化能力显著提高。在从"中国制造"到"中国创造"的转变升级中,制造业为建筑业提供了更高的生产施工能力。这种更高的生产施工能力,不仅体现在更高效的原材料供给能力、吊装运输能力和成品保护能力等,还体现在大量超高、复杂的建筑拔地而起,运营良好(图1.3)。近年来,随着BIM技术和智能建造技术的兴起,我国建筑业的建造和管理水平再上新台阶,不仅屡屡突破建造能力极限,还大幅提升和优化了建造质量和效率。

有了更高的生产施工能力作为保障,建筑业可以从容地探索和择优选择更加高效的建造方式和发展路径,大量技术难度大但建造效率高的技术和工艺被建筑业所吸纳。

图1.3　超高、复杂建筑运营良好

3）国外经验可借鉴

我国建筑行业蓬勃发展、成绩喜人，但在装配式建筑领域相比德国、美国、日本等发达国家仍处于相对落后的地位。但我们在建筑业产业升级上可以大量借鉴他们的先进经验和研究成果，通过总结各国建筑业发展的经验和教训，再结合我国国情和建筑行业的能力水平，可以探索出适合我们国家建筑行业转型发展的道路。

结合国外建筑业先进经验和我国建筑行业发展态势，新时期新形势下，我国建筑行业应进一步优化产业结构，加快建设速度，改善劳动条件，提高劳动生产率，使建筑业走上集约型、效益型的道路，大力发展建筑产业现代化，全面推进装配式建筑。

1.2　装配式建筑的建造理念

1.2.1　行业解读

建筑行业的产业优化升级，是近百年来古今中外建筑师共同的课题，建筑业从业人员对此做出了很多探索和尝试。1921年，法国建筑大师柯布西耶在《走向新建筑》一书中提出"像造汽车一样造房子"的理念，为建筑业开辟了一条新的发展道路。

21世纪初，当时担任万科集团董事长的王石先生再次提到了"像造汽车一样造房子"的理念，不仅为装配式建筑进行了形象化的定义，还为装配式建筑在我们国家建筑业的推广普及做出了探索。

像造汽车一样造房子，简单来讲就是建筑业要模拟和效仿汽车制造业的生产方式。第一，建筑业可将整体建筑进行构件化拆分，在专业的构件生产厂将构件预先生产，再将构件运输到施工现场进行装配，使其形成完整的建筑；第二，建筑业应借鉴汽车生产等智能制造高新生产技术与先进生产组织模式，在云计算、大数据、物联网、机器人技术、人工智能等高新科技加持下，实现类似于汽车生产线造车一样造房子，将建筑业的建造模式升级成集技术与管理为一体的新的建造模式（图1.4）。

（a）构件工厂化生产　　　　　　　　　　　　　（b）构件装配化施工

图1.4　像造汽车一样造房子

1.2.2　规范解读

对于装配式建筑的含义，我国建筑业现行规范有明确的解读。国家标准《装配式混凝土建筑技术标准》（GB/T 51231—2016）规定，装配式建筑是结构系统、外围护系统、设备与管线系统、内装系统的主要部分采用预制部品部件集成的建筑。国家标准《装配式建筑评价标准》（GB/T 51129—2017）规定，装配式建筑是预制部品部件在工地上装配而成的建筑。此外，行业标准《装配式混凝土结构技术规程》（JGJ 1—2014）对装配式混凝土结构进行了定义，将装配式混凝土结构定义为由预制混凝土构件通过可靠的连接方式装配而成的混凝土结构。不同规范或规程解读装配式建筑含义的行文虽各不相同，但其表达的建造理念是高度统一的。

装配式建筑是一个系统工程，由结构系统、外围护系统、设备与管线系统、内装系统四大系统组成，是将预制部品部件通过模数协调、模块组合、接口连接、节点构造和施工工法等集成装配而成的，在工地高效、可靠装配并做到主体结构、建筑围护、机电装修一体化的建筑。装配式建筑有如下特点：

①以完整的建筑产品为对象，以系统集成为方法，体现加工和装配需要的标准化设计；

②以工厂精益化生产为主的部品部件；

③以提升建筑工程质量安全水平、提高劳动生产效率、节约资源能源、减少施工污染和建筑的可持续发展为目标；

④基于BIM技术的全链条信息化管理，实现设计、生产、施工、装修和运维的协同。

1.3　装配式建筑的建造原则

装配式混凝土建筑、装配式钢结构建筑应遵循建筑全寿命期的可持续性原则，并应标准化设计、工厂化生产、装配化施工、一体化装修、信息化管理和智能化应用。装配式木结构建筑应符合建筑全寿命期的可持续性原则，并应满足标准化设计、工厂化制作、装配化施二、一体化装修、信息化管理和智能化应用的要求。

1.3.1 建筑全寿命期可持续

建筑全寿命期是指建筑从规划阶段开始,经历设计阶段、建造阶段、运营阶段,直至拆除报废为止的全寿命过程。建筑全寿命期可持续,是指在建筑的全寿命期内,做到对外部生态环境的保护,将对大自然的干扰降到最低;对室内环境进行可持续性改善,保证居住人群的健康。

可持续性建筑是由绿色建筑发展和演变而来的建筑理念,是建筑业未来发展的方向。装配式建筑积极融合绿色建筑和可持续性建筑的发展理念,改善居住和使用舒适度,并做到与自然界和谐共生(图1.5)。

图1.5　建筑与自然界和谐共生

1.3.2 标准化设计

标准化设计是指在一定时期内,面向通用产品,采用共性条件,制定统一的标准和模式,开展的适用范围比较广泛的设计。标准化设计是技术上成熟、经济上合理、市场容量充裕的产品设计。装配式建筑标准化设计的核心是建立标准化的部品部件单元(图1.6)。当装配式建筑所有的设计标准、手册、图集建立起来以后,建筑物设计不再像现在一样要对宏观到微观的所有细节进行逐一计算、绘图,而是可以像机械设计一样选择标准件进行拼装组合。

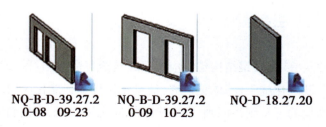

NQ-B-D-39.27.2　　NQ-B-D-39.27.2　　NQ-D-18.27.20
0-08　09-23　　　　0-09　10-23

图1.6　装配式建筑标准化部品部件单元示例

装配式建筑采用标准化设计,可以保证设计质量,进而提高工程质量;可以减少重复劳动,加快设计速度;有利于采用和推广新技术;便于实行构配件生产工厂化、装配化和施工机械化,提高劳动生产率,加快建设进度;有利于节约建设材料,降低工程造价,提高经济效益。

1.3.3　工厂化生产

工厂化生产是指在人工创造的环境(如工厂)中进行全过程的作业,从而摆脱自然界的制约,能够综合运用现代高科技、新设备和高效管理方法而发展起来的一种全面机械化、自动化技术高度密集型的生产。

工厂化生产是推进装配式建筑的主要环节。建筑行业传统的现场作业方式中,受工地现场条件和环境的影响,机械化程度低,普遍采用的是过度依赖一线工人手工作业的人海战术,效率低下,误差控制往往只能达到厘米级,且人工成本高。采用工厂化生产,可以采用机械化手段,运用先进的管理方法,从而提高工程效益,降低成本,并提高建造精度。此外,将大量作业内容转移到工厂里进行,不仅改善了建筑工人的劳动条件,对实现节能、节地、节水、节材、环境保护的"四节一环保"目标也具有非常显著的促进作用(图1.7)。

图1.7　工厂化生产

1.3.4　装配化施工

装配化施工是通过一定的施工方法及工艺,将预先制作好的部品部件可靠地连接成所需要的建筑结构造型的施工方式。装配式施工可以加快施工进度,提高劳动生产率,减少施工现场作业人员,同时降低模板工程量,减少施工现场的污染排放。装配式施工是绿色施工的重要抓手,也是对可持续发展理念的重要实践和运用,对促进建筑业的转型升级具有非常积极的作用(图1.8)。

图1.8　装配化施工

1.3.5　信息化管理

信息化管理是以信息化带动工业化,实现行业管理现代化的重要手段。它是指将现代信息技术与先进的管理理念相融合,转变行业生产方式、经营方式、业务流程、传统管理方式和组织方式,重新整合内外部资源,提高效率和效益。

对于装配式建筑而言,信息技术的广泛应用将集成各种优势并互补,实现标准化和集约化发展。信息的开放性可以调动人们的积极性,并促使工程建设各阶段、各专业主体之间信息资源共享,高效解决问题,有效地避免各行业、各专业间的不协调,加速工期进程,从而有效解决设计与施工脱节、部品与建造技术脱节等中间环节问题,提高效率。

现阶段,装配式建筑用到的信息化管理技术主要有BIM技术(图1.9)、物联网技术和远程操作技术。随着科学技术的进一步发展,信息化管理会在装配式建筑中发挥更大的作用。

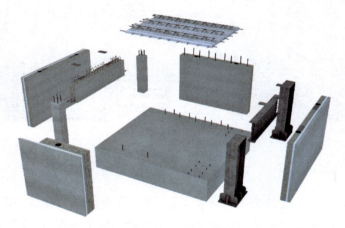

图1.9　装配式建筑应用BIM技术

1.3.6　一体化装修

一体化装修是指将装修工作与预制构件的设计、生产、制作、装配施工一体化来完成,也就是实现装饰装修与主体结构的一体化。一体化装修将装修功能条件前置,管线安装、墙面装饰、部品安装一次完成到位,避免重复浪费。它事先统一进行建筑构件上的孔洞预留和装修面层固定件的预埋,避免在装修施工阶段对已有建筑构件打凿、穿孔,既保证了结构的安全,又减少了噪声和建筑垃圾。

1.3.7　智能化应用

装配式建筑智能化应用,是指以建筑为平台,兼备建筑设备、办公自动化及通信网络系统,集结构、系统、服务、管理及它们之间的最优化组合,向人们提供一个安全、高效、舒适、便利的建筑环境。建筑的智能化应用目前尚处于初级起步阶段,主要应用于安全防护系统和通信及控制系统,不过随着科学技术的进步和人们对其功能要求的提高,建筑的智能化应用一定会迎来进一步的发展(图1.10)。

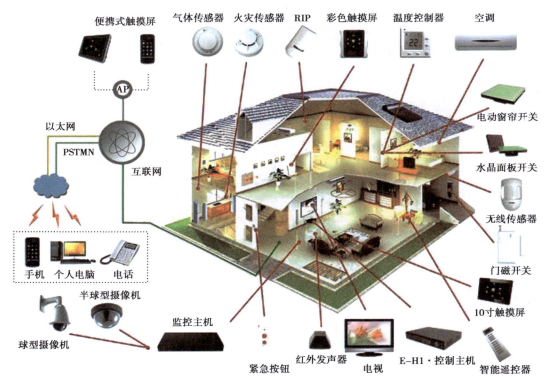

图1.10　智能化应用

1.4　装配式建筑评价标准

根据《装配式建筑评价标准》(GB 51129—2017)规定,装配式建筑的装配化程度由装配率来衡量。装配率是指单体建筑室外地坪以上的主体结构、围护墙和内隔墙、装修和设备管线等采用预制部品部件的综合比例。构成装配率的衡量指标相应包括装配式建筑的主体结构、围护墙和内隔墙、装修与设备管线等部分的装配比例。

1.4.1　评价单元

装配式建筑的装配率计算和装配式建筑等级评价应以单体建筑作为计算和评价单元,并应符合下列规定:

①单体建筑应按项目规划批准文件的建筑编号确认;

②建筑由主楼和裙房组成时(图1.11),主楼和裙房可按不同的单体建筑进行计算和评价;

③单体建筑的层数不大于三层,且地上建筑面积不超过500 m²时,可由多个单体建筑组成建筑组团作为计算和评价单元。

图1.11　由主楼和裙房组成的建筑

1.4.2　预评价与项目评价

为保证装配式建筑评价质量和效果,切实发挥评价工作的指导作用,装配式建筑评价应分预评价和项目评价两个阶段进行。

1)预评价

设计阶段宜进行预评价,并应按设计文件计算装配率。预评价的主要目的是促进装配式建筑设计理念尽早融入项目实施。如果预评价结果满足控制项要求,评价项目可结合预评价过程中发现的不足,通过调整和优化设计方案,进一步提高装配化水平;如果预评价结果不满足控制项要求,评价项目应通过调整和修改设计方案使其满足要求。

2)项目评价

项目评价应在项目竣工验收后进行,并应按竣工验收资料计算装配率和确定评价等级。评价项目应通过工程竣工验收后再进行项目评价,并以此评价结果作为项目最终评价结果。

1.4.3   装配率计算方法

1)装配率总分计算

装配率应根据表1.1中评价项的分值,按式(1.1)计算:

$$P = \frac{Q_1 + Q_2 + Q_3}{100 - Q_4} \times 100\% \qquad (1.1)$$

式中 P——装配率;

Q_1——主体结构指标实际得分值;

Q_2——围护墙和内隔墙指标实际得分值;

Q_3——装修与设备管线指标实际得分值;

Q_4——评价项目中缺少的评价项分值总和。

上述得分值(Q_1、Q_2、Q_3、Q_4)均由评价项应用比例(q)按表1.1装配式建筑评分表进行评分得出,引用比例计算见下文。

表1.1   装配式建筑评分表

评价项		评价要求	评价分值	最低分值
主体结构 (50分)	柱、支撑、承重墙、延性墙板等竖向构件	35%≤比例q_{1a}≤80%	20.0~30.0*	20.0
	梁、板、楼梯、阳台、空调板等构件	70%≤比例q_{1b}≤80%	10.0~20.0*	
围护墙和内隔墙 (20分)	非承重围护墙非砌筑	比例q_{2a}≥80%	5.0	10.0
	围护墙与保温、隔热、装饰一体化	50%≤比例q_{2b}≤80%	2.0~5.0*	
	内隔墙非砌筑	比例q_{2c}≥50%	5.0	
	内隔墙与管线、装修一体化	50%≤比例q_{2d}≤80%	2.0~5.0*	
装修和设备管线 (30分)	全装修	—	6.0	6.0
	干式工法楼面、地面	比例q_{3a}≥70%	6.0	—
	集成厨房	70%≤比例q_{3b}≤90%	3.0~6.0*	
	集成卫生间	70%≤比例q_{3c}≤90%	3.0~6.0*	
	管线分离	50%≤比例q_{3d}≤70%	4.0~6.0*	

注:表中带"*"项的分值采用"内插法"计算,Q_1、Q_2、Q_3、Q_4计算结果取小数点后1位。

2)柱、支撑、承重墙、延性墙板等主体结构竖向构件应用比例(q_{1a})计算

柱、支撑、承重墙、延性墙板等主体结构竖向构件主要采用混凝土材料时,预制部品部件的应用比例应按式(1.2)计算:

$$q_{1a} = \frac{V_{1a}}{V} \times 100\% \qquad (1.2)$$

式中 q_{1a}——柱、支撑、承重墙、延性墙板等主体结构竖向构件中预制部品部件的应用比例;

V_{1a}——柱、支撑、承重墙、延性墙板等主体结构竖向构件中预制部品部件中预制混凝土体积之和;

V——柱、支撑、承重墙、延性墙板等主体结构竖向构件混凝土总体积。

当符合下列规定时,主体结构竖向构件间连接部分的后浇混凝土可计入预制混凝土体积计算:

①预制剪力墙板之间宽度不大于600 mm的竖向现浇段和高度不大于300 mm的水平后浇带、圈梁的后浇混凝土体积;

②预制框架柱和框架梁之间柱梁节点区的后浇混凝土体积;

③预制柱间高度不大于柱截面较小尺寸的连接区后浇混凝土体积。

3)梁、板、楼梯、阳台、空调板等构件应用比例(q_{1b})计算

梁、板、楼梯、阳台、空调板等构件中预制部品部件的应用比例应按式(1.3)计算:

$$q_{1b} = \frac{A_{1b}}{A} \times 100\% \tag{1.3}$$

式中　q_{1b}——梁、板、楼梯、阳台、空调板等构件中预制部品部件的应用比例;

A_{1b}——各楼层中预制装配梁、板、楼梯、阳台、空调板等构件的水平投影面积之和;

A——各楼层建筑平面总面积。

预制装配式楼板、屋面板的水平投影面积可包括:

①预制装配式叠合楼板、屋面板的水平投影面积;

②预制构件间宽度不大于300 mm的后浇混凝土带水平投影面积;

③金属楼承板(图1.12)、屋面板、木楼盖(图1.13)和屋盖及其他在施工现场免支模的楼盖和屋盖的水平投影面积。

图1.12　金属楼承板

图1.13　木楼盖

4)非承重围护墙中非砌筑墙体应用比例(q_{2a})

非承重围护墙中非砌筑墙体应用比例应按式(1.4)计算:

$$q_{2a} = \frac{A_{2a}}{A_{w1}} \times 100\% \tag{1.4}$$

式中　q_{2a}——非承重围护墙中非砌筑墙体的应用比例;

A_{2a}——各楼层非承重围护墙中非砌筑墙体的外表面积之和,计算时可不扣除门、窗及预留洞口等的面积;

A_{w1}——各楼层非承重围护墙外表面总面积,计算时可不扣除门、窗及预留洞口等的面积。

5)围护墙采用墙体、保温、隔热、装饰一体化的应用比例(q_{2b})

围护墙采用墙体、保温、隔热、装饰一体化的应用比例应按式(1.5)计算:

$$q_{2b} = \frac{A_{2b}}{A_{w2}} \times 100\% \tag{1.5}$$

式中　q_{2b}——围护墙采用墙体、保温、隔热、装饰一体化的应用比例;

A_{2b}——各楼层围护墙采用墙体、保温、隔热、装饰一体化的墙面外表面积之和,计算时可不扣除门、窗及预留洞口等的面积。

A_{w2}——各楼层围护墙外表面总面积,计算时可不扣除门、窗及预留洞口等的面积。

6)内隔墙中非砌筑墙体的应用比例(q_{2c})

内隔墙中非砌筑墙体的应用比例应按式(1.6)计算:

$$q_{2c} = \frac{A_{2c}}{A_{w3}} \times 100\% \tag{1.6}$$

式中　q_{2c}——内隔墙中非砌筑墙体的应用比例;

A_{2c}——各楼层内隔墙中非砌筑墙体的墙面面积之和,计算时可不扣除门、窗及预留洞口等的面积;

A_{w3}——各楼层内隔墙墙面总面积,计算时可不扣除门、窗及预留洞口等的面积。

7)内隔墙采用墙体、管线、装修一体化的应用比例(q_{2d})

内隔墙采用墙体、管线、装修一体化的应用比例应按式(1.7)计算:

$$q_{2d} = \frac{A_{2d}}{A_{w3}} \times 100\% \tag{1.7}$$

式中　q_{2d}——内隔墙采用墙体、管线、装修一体化的应用比例;

A_{2d}——各楼层内隔墙采用墙体、管线、装修一体化的墙面面积之和,计算时可不扣除门、窗及预留洞口等的面积。

8)干式工法楼面、地面的应用比例(q_{3a})

干式工法楼面、地面的应用比例应按式(1.8)计算:

$$q_{3a} = \frac{A_{3a}}{A} \times 100\%$$ (1.8)

式中　q_{3a}——干式工法楼面、地面的应用比例;

　　　A_{3a}——各楼层采用干式工法楼面、地面的水平投影面积之和。

9)集成厨房干式工法应用比例(q_{3b})

集成厨房的橱柜和厨房设备等应全部安装到位,墙面、顶面和地面中干式工法的应用比例应按式(1.9)计算:

$$q_{3b} = \frac{A_{3b}}{A_k} \times 100\%$$ (1.9)

式中　q_{3b}——集成厨房干式工法的应用比例;

　　　A_{3b}——各楼层厨房墙面、顶面和地面采用干式工法的面积之和;

　　　A_k——各楼层厨房的墙面、顶面和地面的总面积。

10)集成卫生间干式工法应用比例(q_{3c})

集成卫生间的洁具设备等应全部安装到位,墙面、顶面和地面中干式工法的应用比例应按式(1.10)计算:

$$q_{3c} = \frac{A_{3c}}{A_b} \times 100\%$$ (1.10)

式中　q_{3c}——集成卫生间干式工法的应用比例;

　　　A_{3c}——各楼层卫生间墙面、顶面和地面采用干式工法的面积之和;

　　　A_b——各楼层卫生间墙面、顶面和地面的总面积。

11)管线分离比例(q_{3d})

管线分离比例应按式(1.11)计算:

$$q_{3d} = \frac{L_{3d}}{L} \times 100\%$$ (1.11)

式中　q_{3d}——管线分离比例;

　　　L_{3d}——各楼层管线分离的长度,包括裸露于室内空间以及敷设在地面架空层、非承重墙体空腔和吊顶内的电气、给水排水和采暖管线长度之和;

　　　L——各楼层电气、给水排水和采暖管线的总长度。

1.4.4　评价要求

装配式建筑应同时满足下列4项要求:

1）主体结构部分的评价分值不低于20分

主体结构包括柱、支撑、承重墙、延性墙板等竖向构件，以及梁、板、楼梯、阳台、空调板等水平构件。这些构件是建筑物主要的受力构件，对建筑物的结构安全起到决定性的作用。推进主体结构的装配化对于发展装配式建筑有着非常重要的意义。

2）围护墙和内隔墙部分的评价分值不低于10分

"非砌筑"和"一体化"是新型建筑墙体的两大特征。"非砌筑"是指，非承重墙体采用各种大中型板材、幕墙、木材或复合材料墙体装配而成，淘汰掉通过现场砌筑的工艺建造的砖墙和砌块墙，从而提升墙体施工速度，减少现场湿作业。"一体化"是指，预制墙体构件与保温、隔热、装饰或管线、装修集成，墙体在工地现场吊装完成后不需要再在墙体表面进行保温、隔热处理或管线埋设、装饰装修等工作，从而免去了对预制构件的剔凿，减少工地现场的作业量。

将围护墙和内隔墙的非砌筑和一体化程度引入装配式建筑评价标准中，对于推广新型建筑墙体，提高建筑质量和品质等具有重要意义。积极引导和逐步推广非砌筑和一体化的新型建筑墙体，也是发展装配式建筑的重点工作之一。

3）采用全装修

全装修是指建筑功能空间的固定面装修和设备设施安装全部完成，达到建筑使用功能和性能的基本要求。

普及建筑全装修是实现建筑品质提升的重要手段。不同建筑类型的全装修内容和要求是不同的。对于居住、教育、医疗等建筑类型，在设计阶段即可明确建筑功能空间对使用和性能的要求及标准，应在建造阶段实现全装修。对于办公、商业等建筑类型，其建筑的部分功能空间对使用和性能的要求及标准需要根据承租方的要求进行确定，这类建筑应在建造阶段对公共区域等非承租部分实施全装修，并对实施"二次装修"的方式、范围、内容等做出明确规定。

4）装配率（P）不低于50%

这里提到的装配率，是指通过本节公式（1.1）计算得到的百分数值。装配率的高低是建筑装配化程度高低的最直观体现。

1.4.5 装配式建筑等级评价

当评价项目满足本书1.4.4节所列的四点要求，且主体结构竖向构件中预制部品部件的应用比例不低于35%时，可进行装配式建筑等级评价。

装配式建筑评价等级应划分为A级、AA级、AAA级，并应符合下列规定：

①装配率P达到60%~75%时，评价为A级装配式建筑；

②装配率P达到76%~90%时，评价为AA级装配式建筑；

③装配率P达到91%及以上时，评价为AAA级装配式建筑。

1.4.6 其他

①本章节介绍的装配式建筑评价标准适用于评价民用建筑的装配化程度。这里提到的民用建筑,包括居住建筑和公共建筑。装配式建筑评价除符合本节介绍的标准外,尚应符合国家现行有关标准的规定。

②本章节介绍的装配式建筑评价标准引自国家标准《装配式建筑评价标准》(GB/T 51129—2017)。该标准于2018年2月1日起实施,原国家标准《工业化建筑评价标准》(GB/T 51129—2015)同时废止。需要说明的是,已废止的《工业化建筑评价标准》(GB/T 51129—2015)应用"预制率"和"装配率"两个指标作为评价指标,并定义预制率为"工业化建筑室外地坪以上的主体结构和围护结构中,预制构件部分的混凝土用量占对应部分混凝土总用量的体积比";定义装配率为"工业化建筑中预制构件、建筑部品的数量(或面积)占同类构件或部品总数量(或面积)的比率"。随着《工业化建筑评价标准》(GB/T 51129—2015)的废止,"预制率"这一概念也随之废止;"装配率"这一概念被赋予新的涵义,原定义也随之废止。

③房屋建造应以适用、经济、绿色、美观作为方针,装配率仅体现房屋的装配化程度,不能盲目地认为装配率高的建筑一定比装配率低的建筑综合性能好。

钢结构和
木结构建筑

1.5 装配式建筑类别

根据建筑主体结构所用的材料不同,装配式建筑可分为装配式混凝土建筑、装配式钢结构建筑和装配式木结构建筑等。

1.5.1 装配式混凝土建筑

装配式混凝土建筑是由预制混凝土构件通过可靠的连接方式装配而成的混凝土建筑。装配式混凝土建筑的结构系统,称为装配式混凝土结构。

图1.14 全装配式混凝土结构

装配式混凝土结构包括多种类型。其中,由预制混凝土构件通过可靠的方式进行连接并与现场后浇混凝土、水泥基灌浆料形成整体的装配式混凝土结构,称为装配整体式混凝土结构。这里提到的预制构件是指不在现场原位支模浇筑的构件,不仅包括在工厂制作的预制构件,还包括由于受到施工场地或运输等条件限制,而又有必要采用装配式结构时,在现场制作的预制构件。

装配式混凝土结构中,预制混凝土构件之间通过干式工法连接而成的结构,称为全装配式混凝土结构(图1.14)。全装配式混凝土结构的总体刚度比现浇混凝土结构下降较多,因此不能等效于现浇混凝土结构进行结构设计和计算。

1.5.2　装配式钢结构建筑

装配式钢结构建筑是指建筑的结构系统由钢部件或钢构件组成的装配式建筑（图1.15）。

图 1.15　装配式钢结构建筑

钢结构建筑是天然的装配式建筑，但按照我国现行装配式建筑评价标准，并非所有的钢结构建筑都满足装配式建筑的标准，尤其是算不上高级别的装配式建筑。装配式钢结构建筑应是主体钢结构系统、围护系统、设备与管线系统和内装系统均做到较高装配率且和谐统一的钢结构建筑系统。

1）装配式钢结构建筑的优缺点

相对于装配式混凝土建筑而言，装配式钢结构建筑具有以下优点：

①没有现场现浇节点，安装速度更快，施工质量更容易得到保证；

②钢结构是延性材料，具有更好的抗震性能；

③相对于混凝土结构，钢结构自重更轻，为结构设计尤其是基础部分的结构设计提供更大的灵活性；

④钢结构是可回收材料，更加绿色环保；

⑤精心设计的钢结构装配式建筑，比装配式混凝土建筑具有更好的经济性；

⑥梁柱截面更小，可获得更多的使用面积。

但是，装配式钢结构也有一些缺点。例如，相对于装配式混凝土结构，外墙体系与传统建筑存在差别，较为复杂；其次，如果处理不当或者没有经验，防火和防腐问题需要引起重视。

2)装配式钢结构设计要点

装配式钢结构建筑的结构设计应符合现行国家相关规范和标准的规定。结构的设计使用年限不应小于50年,其安全等级不应低于二级。装配式钢结构的建筑高度应满足相关规范的要求。对于重点设防类和标准设防类的多高层装配式钢结构建筑,其最大高度应满足表1.2的规定。

表1.2　多高层装配式钢结构适用的最大高度　　　　　　　　　　单位:m

结构体系	6度 (0.05g)	7度		8度		9度 (0.40g)
		(0.10g)	(0.15g)	(0.20g)	(0.30g)	
钢框架结构	110	110	90	90	70	50
钢框架-中心支撑结构	220	220	200	180	150	120
钢框架-偏心支撑结构 钢框架-屈曲约束支撑结构 钢框架-延性墙板结构	240	240	220	200	180	160
筒体(框筒、筒中筒、桁架筒、束筒)结构 巨型结构	300	300	280	260	240	180
交错桁架结构	90	60	60	40	40	—

注:1.房屋高度指室外地面到主要屋面板板顶的高度(不包括局部突出屋顶部分);

　　2.超过表内高度的房屋,应进行专门研究和论证,采取有效的加强措施;

　　3.交错桁架结构不得用于9度区;

　　4.柱子可采用钢柱或钢管混凝土柱;

　　5.特殊设防类,6、7、8度时宜按本地区抗震设防烈度提高一度后符合本表要求,9度时应做专门研究。

1.5.3　装配式木结构建筑

装配式木结构建筑是指建筑的结构系统由木结构承重构件组成的装配式建筑(图1.16)。装配式木结构采用工厂预制的木结构组件和部品,以现场装配为主要手段建造而成,包括装配式纯木结构、装配式木混合结构等。其中,装配式木混合结构是指由木结构构件与钢结构构件、混凝土结构构件组合而成的混合承重的结构形式,包括上下混合装配式木结构、水平混合装配式木结构以及混凝土结构中采用的木骨架组合墙体系统。

木结构建筑在我国有上千年的应用历史,我国古代的建筑,雕梁画栋,大到宫殿庙宇,小到民宅,大多是由手工制作的木构件通过榫卯连接从而实现的(图1.17)。随着时代和科技的发展,现代装配式木结构建筑采用新材料、新工艺和工业化的精确化生产。与传统木结构建筑相比,现代装配式木结构更具绿色环保、舒适耐久、保温节能、结构安全等优势,具有优良的抗震、隔声等性能。《中共中央国务院关于加强城市规划建设管理工作的若干意见》提出"在具备条件的地方,倡导发展现代木结构建筑"。可见,现代装配式木结构建筑的发展得到了我国政府的积极支持。

图1.16 装配式木结构建筑

图1.17 古代木结构雕梁画栋

1.6 装配式建筑发展历程与现状

1.6.1 国际发展历程与现状

在20世纪20年代初,英、法、苏联等国家首先对装配式建筑做出尝试。第二次世界大战后,由于各国的建筑普遍遭受重创,加之劳动力资源短缺,为了加快住宅的建设速度,装配式建筑被广泛采用。

西方发达国家的装配式建筑经过几十年甚至上百年的发展,已经达到了相对成熟、完善的阶段。美国、德国、日本等国家和地区按照各自的经济、社会、工业化程度、自然条件的特点,选择了不同的发展道路和方式。

1)美国

美国的装配式建筑起源于20世纪30年代。1976年美国国会通过了国家工业化住宅建造及安全法案,同年开始出台一系列严格的行业规范标准。1991年美国PCI(预制预应力混凝土协会)年会上提出将装配式建筑的发展作为美国建筑业发展的契机,由此带来装配式建筑在美国20年来的长足发展。目前,混凝土结构建筑中,装配式混凝土建筑的比例占到35%左右,有30多家专门生产单元式建筑的公司;在美国同一地点,相比用传统方式建造的同样房屋,只需花不到50%的费用就可以购买一栋装配式建筑住宅。

　　美国装配式建筑建材产品和部品部件种类齐全,构件通用化水平高,呈现商品化供应的模式,并且构件呈现大型化的趋势。基于美国建筑业强大的生产施工能力,美国装配式混凝土建筑的构件连接以干式连接为主,可以实现部品部件在质量保证年限之内的重复组装使用(图1.18)。

图1.18　美国装配式建筑施工现场

2)德国

　　德国是世界上工业化水平最高的国家之一,也是最早实现建筑工业化的国家之一。德国最早的装配式建筑可以追溯到1926年在柏林利希滕伯格-弗里德希菲尔德建造的战争伤残军人住宅区(图1.19)。该项目共138套住宅,绝大多数是2~3层小楼建筑。该项目现场预制混凝土多层复合板材构件,构件的最大质量达到7 t。

图1.19　德国最早的装配式建筑

　　第二次世界大战后装配式建筑在德国得到广泛采用,经过数十年的发展,目前德国的装配式建筑产业链已经处于世界领先水平。建筑、结构、水暖电专业协作配套,施工企业与机械设备供应商合作密切,机械设备、材料和物流先进,高校、研究机构和企业不断为行业提供研发支持(图1.20)。

图 1.20　德国装配式建筑施工现场

3）日本

日本装配式建筑的研究始于 1955 年日本住宅公团成立，并以公团为中心展开。住宅公团的任务就是执行战后复兴基本国策，解决城市化过程中低层收入人群的居住问题。20 世纪 60 年代中期，日本装配式住宅建筑有了长足发展，预制混凝土构配件生产形成独立行业，住宅部品化供应发展很快，但当时的装配式建筑尚处在为满足基本住房需求服务的阶段。1973 年，日本建立装配式住宅建筑准入制度，标志着作为体系建筑的装配式住宅建筑起步。从 20 世纪 50 年代后期至 80 年代后期，历时约 30 年，形成了若干种较为成熟的装配式住宅建筑结构体系。1972 年建成的日本东京中银胶囊塔，是现代建筑史上首座真正以胶囊般的建筑模块装配而成的建筑，是世界装配式建筑的先锋代表之作（图 1.21）。1985 年后，日本的装配式建筑达到了高品质住宅阶段。目前日本建筑业的工厂化水平高，预制构件与装修、保温、门窗等集成化程度高，并通过严格的立法和生产与施工管理来保证装配式构件和建筑的质量。

图 1.21　东京中银胶囊塔

日本建筑行业推崇的结构形式是以框架结构为主,剪力墙结构等刚度大的结构形式很少得到应用。目前日本装配式混凝土建筑中,柱、梁、板构件的连接尚以湿式连接为主,但强大的构件生产、储运和现场安装能力为结构质量提供了强有力的保证,并且为设计方案的制订提供了更多可行的空间。以莲藕梁为例(图1.22),梁柱节点核心区整体预制,保证了梁柱连接的安全性,但误差容忍度低,我国建筑行业尚无法推广。

图1.22 莲藕梁

日本国土地震频发且烈度高,因此装配式建筑的减震隔震技术得到了大力的发展和广泛的应用。图1.23所示的软钢耗能器可以较好地起到减震隔震的作用,该项技术也被我国建筑企业所借鉴和采用。

图1.23 软钢耗能器

4)新加坡

新加坡的建筑行业受政府的影响较大。在政府的政策推动下,装配式建筑得到了良好的发展。以组屋(即保障房)项目为例,新加坡强制推行组屋项目装配化,目前装配率可达到

70%。此外,在新加坡皇冠假日酒店等大中型公共建筑中,装配式建筑也得到了广泛的应用(图1.24)。通过推行装配式建筑,新加坡不仅提高了房屋建造效率,还缓解了外用劳工成本过高的问题。

图1.24　新加坡皇冠假日酒店项目装配现场

5)其他国家

英国政府积极引导装配式建筑发展,明确提出英国建筑生产领域需要通过新产品开发、集约化组织、工业化生产以实现"成本降低10%,时间缩短10%,缺陷率降低20%,事故发生率降低20%,劳动生产率提高10%,最终实现产值利润率提高10%"的具体目标。同时,政府出台一系列鼓励政策和措施,大力推行绿色节能建筑,以对建筑品质、性能的严格要求促进行业向新型建造模式转变。

加拿大作为美国的近邻,在发展装配式建筑的道路上借鉴了美国的经验和成果。目前加拿大建筑的装配率高,构件的通用性高,大城市建筑多为装配式建筑和钢结构建筑,6度以下地区甚至推行全预制建筑。

法国是世界上推行装配式建筑最早的国家之一,在1950—1970年即开始推行装配式建筑。经过几十年的发展,目前法国的装配式建筑产业已经比较完善,装配率达到80%。法国装配式建筑的特点是以预制装配式混凝土结构为主,钢结构、木结构为辅。法国的装配式住宅多采用框架或者板柱体系,焊接、螺栓连接等均采用干法作业,结构构件与设备、装修工程分开,减少预埋,生产和施工质量高。

6)总结与启示

通过总结以上国家在发展装配式建筑的经验,我们得到以下启示:

①应结合自身的地理环境、经济与科技水平、资源供应水平选择装配式建筑的发展方向。

例如,欧美各国普遍位于非地震区,且建筑物多以低层和多层为主,因此多推广普及干式连接施工方式;而日本处于地震多发区,加之高层建筑较多,故推广普及等同现浇的湿式连接施工方式。英国结合本国的科技水平选择走上了发展装配式钢结构建筑的道路;瑞典等北欧国家由于木材资源丰富,因此多以装配式木结构为主发展装配式建筑。

②政府应在发展装配式建筑过程中发挥积极的作用。

成熟的装配式建筑生产方式不仅绿色环保节能,还能降低项目的造价。但是,在推广装配式建筑的初期,其尚未形成规模,成本相对传统施工方式往往会有所提高,并且部分企业的社会责任意识不强,一味追求经济利益,导致装配式建筑的社会形象和市场竞争力相对较弱。因此,在推广初期,装配式建筑的发展需要鼓励性政策的保驾护航,政府的积极推动对于装配式建筑的发展具有十分关键的作用。

③完善装配式建筑产业链是发展装配式建筑的关键。

美国、德国、日本等国家的装配式建筑发展,均得益于其完备的建筑产业链以及优秀的操作与管理能力。因此,完善行业生产的关键技术,提高产业工人的职业素质,提高部品部件的生产质量、物流能力和装配水平,完善质量管理和评价体系,是我国行业从业人员亟待完成的任务和使命。

1.6.2　我国装配式建筑发展历程

1)起步阶段

我国的装配式建筑起源于20世纪50年代。那时,新中国刚刚成立,全国处在百废待兴的状态。发展建筑行业,为人民提供和改善居住环境,迫在眉睫。当时,我国著名建筑学家梁思成先生就已经提出了"建筑工业化"的理念,并且这一理念被纳入新中国第一个五年计划。借鉴苏联和东欧国家的经验,我国建筑行业大力推行标准化、工业化和机械化,发展预制构件和装配式施工的房屋建造方式。1955年,北京第一建筑构件厂在北京东郊百子湾兴建。1959年,我国采用装配式建筑技术建成了高达11层的北京民族饭店(图1.25),该饭店是我国建国十周年的十大建筑之一,并且目前仍在营业中。这些事件标志着我国装配式建筑已经起步。

图1.25　北京民族饭店

2)持续发展阶段

20世纪60年代初到80年代初期,我国装配式建筑得到了快速发展,进入持续发展阶段。1976年建成的北京小黄庄12层装配式住宅楼是这一阶段的建筑成果之一(图1.26)。这一时期装配式建筑在我国持续发展,其原因有以下几点:

图1.26   北京小黄庄装配式住宅楼

①当时各类建筑标准不高,形式单一,易于采用标准化方式建造;

②当时的房屋建筑抗震性能要求不高;

③当时的建筑行业建设总量不大,预制构件厂的供应能力可满足建设要求;

④当时我国资源相对匮乏,木模板、支撑体系和建筑用钢筋短缺;

⑤计划经济体制下施工企业采用固定用工制,装配式建筑施工方式可减少现场劳动力投入。

3)低潮阶段

1976年我国遭遇了唐山大地震。地震中装配式建筑房屋破坏严重,其结构整体性、抗震性差的缺点暴露明显(图1.27)。随着我国经济的发展,建筑业建设规模急剧增加,建筑设计也呈现出个性化、多样化的特点,而当时的装配式建筑生产和施工能力无法满足新形式的要求。因此,我国装配式建筑在20世纪80年代遭遇低潮,发展几乎停滞。而随着进城务工人员大量进入城镇,导致劳动力成本降低,加之各类模板、脚手架的普及以及商品混凝土的广泛应用,现浇结构施工技术得到了广泛应用。

4)新发展阶段

如今,随着改革开放的不断深化和我国经济的快速发展,建筑行业生产规模要求与日俱增,建筑工人劳动力紧缺现象严重。此外,随着人民对生活质量要求的不断提高,节能环保成为新时期社会发展的形势和要求。建筑行业与其他行业一样都在进行工业化技术转型,装配式建筑又焕发出新的生机(图1.28)。

图 1.27　装配式建筑在唐山大地震中破坏严重

图 1.28　新发展阶段的装配式建筑

随着各地积极推进装配式建筑项目落地,我国新建装配式建筑规模不断壮大。据住房和城乡建设部数据显示,近年来,我国新建装配式建筑面积逐年大幅增长。2020年,全国新开工装配式建筑面积达6.3亿 m²,较2019年增长50%。万科、碧桂园、中海、龙湖、华润、金地等我国房地产龙头企业纷纷上马装配式建筑项目,并积极研发优质高效的工艺工法。

此外,装配式建筑产业基地大量兴建。装配式建筑产业基地是指具有明确的发展目标、较好的产业基础、技术先进成熟、研发创新能力强、产业关联度大、注重装配式建筑相关人才培养培新、能够发挥示范引领和带动作用的装配式建筑相关企业。装配式建筑产业基地优先享受住房和城乡建设部及所在地住房和城乡建设管理部门的相关支持政策。目前,产业基地几乎覆盖我国所有的省、自治区、直辖市,产业类型涵盖设计、生产、施工、装备制造、运行维护等全产业链。在试点示范的引领带动下,装配式建筑已经形成了在全国推进的格局。

1.6.3 我国装配式建筑发展现状

1)国家政策

我国政府和建设行政主管部门对推进建筑产业现代化、推动新型建筑工业化、发展装配式建筑给予了大力支持,国家对建筑行业转型升级的决心和重视程度不言而喻。

(1)《国民经济和社会发展第十三个五年规划纲要》

2016年3月17日,《国民经济和社会发展第十三个五年规划纲要》发布。《纲要》指出,发展适用、经济、绿色、美观建筑,提高建筑技术水平、安全标准和工程质量,推广装配式建筑和钢结构建筑。

(2)《关于大力发展装配式建筑的指导意见》

2016年9月27日,国务院办公厅印发《关于大力发展装配式建筑的指导意见》(以下简称《意见》)。《意见》提出,要以京津冀、长三角、珠三角三大城市群为重点推进地区,常住人口超过300万的其他城市为积极推进地区,其余城市为鼓励推进地区,因地制宜发展装配式混凝土结构、钢结构和现代木结构等装配式建筑。力争用10年左右的时间,使装配式建筑占新建建筑面积的比例达到30%。《意见》还指出,发展装配式建筑是建造方式的重大变革,是推进供给侧结构性改革和新型城镇化发展的重要举措,有利于节约资源能源、减少施工污染、提升劳动生产效率和质量安全水平,有利于促进建筑业与信息化工业化深度融合、培育新产业新动能、推动化解过剩产能。《意见》在"重点任务"中提出"加快编制装配式建筑国家标准、行业标准和地方标准,支持企业编制标准、加强技术创新,鼓励社会组织编制团体标准,促进关键技术和成套技术研究成果转化为标准规范。强化建筑材料标准、部品部件标准、工程标准之间的衔接。制订装配式建筑工程定额等计价依据。完善装配式建筑防火抗震防灾标准。研究建立装配式建筑评价标准和方法。逐步建立完善覆盖设计、生产、施工和使用维护全过程的装配式建筑标准规范体系。"

(3)《"十三五"装配式建筑行动方案》

住房和城乡建设部于2017年3月23日印发《"十三五"装配式建筑行动方案》(建科〔2017〕77号)。文件中提出工程目标:到2020年,全国装配式建筑占新建筑的比例达到15%以上,其中重点推进地区达到20%以上,积极推进地区达到15%以上,鼓励推进地区达到10%以上。同时提出任务:建立、完善覆盖设计、生产、施工和使用维护全过程的装配式建筑标准规范体系;建立装配式建筑技术体系和关键技术、配套部品部件评估机制,梳理先进成熟可靠的新技术、新产品、新工艺,定期发布装配式建筑技术和产品公告;加大研发力度,研究装配率较高的多高层装配式混凝土建筑的基础理论、技术体系和施工工艺工法,研究高性能混凝土、高强钢筋和消能减重、预应力技术在装配式建筑中的应用;全面提升装配式建筑设计水平,推进装配式建筑一体化集成设计,强化装配式建筑设计对部品部件生产、安装施工、装饰装修等环节的统筹,推进装配式建筑的标准化设计,提高标准化部品部件的应用比例。装配式建筑设计深度要达到相关要求,建立适合建筑信息模型(BIM)技术应用的装配式建筑工程管理模式,推进BIM技术在装配式建筑规划、勘察、设计、生产、施工、装修、运行维护全过程的集成应用。实现工程建设项目全生命周期数据共享和信息化管理;采用植入芯片或标注二维码等方式,实现部品部件生产、安装、维护全过程质量可追溯;培育一批设计、生产、施工一体化的装配式建筑骨干企业,促进建筑企业转型发展;发挥装配式建筑产业技术创新联盟的作用,加强学习研用等各种市场主体的协同创新能力,促进新技术、新产品的研发与应用。

需要强调的是,2020年我国新开工装配式建筑面积达6.3亿 m²,占新建建筑面积的20.5%,超额完成《"十三五"装配式建筑行动方案》的规划目标。

(4)《关于加快新型建筑工业化发展的若干意见》

2020年8月出台的《关于加快新型建筑工业化发展的若干意见》指出:要加快新型建筑工业化发展,以新型建筑工业化带动建筑业全面转型升级,打造具有国际竞争力的"中国建造"品牌,推动城乡建设绿色发展和高质量发展。

2)国家级规范标准

伴随着国家大力发展装配式建筑政策的纷纷出台,为规范装配式建筑的推广,指导行业企业和从业人员合理应用装配式技术,我国相继出台了若干装配式领域的规范、规程、标准、图集。

(1)《装配式混凝土结构技术规程》(JGJ 1—2014)

我国自1991年施行《装配式大板居住建筑设计和施工规程》(JGJ 1—91)后,经过长达20多年的沉淀,结合新技术、新工艺、新材料的发展,参考有关国际标准和国外先进标准,于2014年开始施行《装配式混凝土结构技术规程》(JGJ 1—2014)。与已废止的91年版标准相比,2014年版标准扩大了适用范围,新标准适用于居住建筑和公共建筑;此外,加强了装配式结构整体性的设计要求;增加了装配整体式剪力墙结构、装配整体式框架结构和外挂墙板的设计规定;修改了多层装配式剪力墙结构的有关规定;增加了钢筋套筒灌浆连接和浆锚搭接连接的技术要求;补充、修改了接缝承载力的验算要求。

(2)《预制混凝土剪力墙外墙板》等9项国家建筑标准设计图集

经审查批准,由中国建筑标准设计研究院有限公司组织编制的《预制混凝土剪力墙外墙板》等9项建筑标准设计被批准为国家建筑标准设计,自2015年3月起实施。该系列图集是在国家建筑标准设计的基础上,依据《装配式混凝土结构技术规程》(JGJ 1—2014)编制的,对规范内容进行了细化和延伸,对现阶段量大面广的装配式混凝土剪力墙结构设计、生产、施工起到规范和全方位的指导作用。这套图集的内容涵盖了表示方法、设计示例、连接节点构造以及常用的构件等(图1.29)。

图1.29   装配式混凝土建筑标准设计图集

（3）《装配式混凝土建筑技术标准》（GB/T 51231—2016）等三本国家标准

在行业标准《装配式混凝土结构技术规程》（JGJ 1—2014）发布三年后，国家标准《装配式混凝土建筑技术标准》（GB/T 51231—2016）、《装配式钢结构建筑技术标准》（GB/T 51232—2016）、《装配式木结构建筑技术标准》（GB/T 51233—2016）于2017年发布并实施。以上三本国家标准的实施，是对《装配式混凝土结构技术规程》（JGJ 1—2014）的有效补充，也为各地区和企业制定地区性或企业性标准提供了详细且权威的依据。

（4）其他

此外，我国还发布了诸如《钢筋套筒灌浆连接应用技术规程》（JGJ 355—2015）、《装配式建筑评价标准》（GB/T 51129—2017）、《预制混凝土外挂墙板应用技术标准》（JGJ/T 458—2018）、《钢筋连接用灌浆套筒》（JGT 398—2019）、《钢筋连接用套筒灌浆料》（JG/T 408—2019）、《装配式混凝土剪力墙结构住宅施工工艺图解》（16G 906）、《装配式内装修技术标准》（JGJ/T 491—2021）等规范、标准、图集等，进一步促进和规范了行业的发展。

3）装配式建筑企业

经过十多年的积累和发展，我国已涌现出一批从事装配式混凝土建筑生产、施工、研究的企业，装配式建筑企业呈现百花齐放、百家争鸣的良好发展态势。

（1）万科集团

万科企业股份有限公司成立于1984年，1988年进入房地产行业，经过30余年的发展，已成为国内领先的城市配套服务商，公司业务聚焦全国经济最具活力的三大经济圈及中西部重点城市。2016年公司首次跻身《财富》"世界500强"，位列榜单第356位；2017年再度上榜，位列榜单第307位。

万科集团从2003年开始探索住宅标准化，形成万科标准化部品库。2004年，公司成立工业化中心，开始万科工业化住宅的研究工作。2007年，万科集团第一次向市场交付工业化住宅产品,推广标准化住宅。2007年2月8日,万科集团获建设部(现住建部)批准,正式成为国家住宅产业化基地。数年来,万科集团在技术研发方面先后投入数亿元,从研究和学习日本的预制装配式建筑开始,逐渐演变到自主研发创新发展道路,目前已初见成效。现在万科在深圳、北京、上海、南京用装配式结构建设的PC住宅已接近1 000万 m²,成为国内引领产业化发展的龙头企业。

2019年,万科集团在海南省三亚市万科湖畔·同心家园建筑项目中,全面采用万科"5+2+X"装配式建造技术体系(图1.30)。"5"主要体现在工程质量上,分别指项目采用铝模、全混凝土外墙、装配式内隔墙、自升爬架和各空间多专业全方位穿插施工;"2"主要体现在缩短工期和节省用工成本上,分别指装配式装修和适度预制;"X"为BIM辅助设计及建筑智能化。该项目作为海南省装配式建筑示范工地,获得业界一致好评。

图1.30　万科湖畔·同心家园项目

(2)碧桂园集团

碧桂园集团是一家以房地产为主营业务,涵盖建筑、装修、物业管理、酒店开发及管理、教育等行业的国内著名综合性企业集团,是中国房地产十强企业之一。

碧桂园集团作为中国新型城镇化进程的身体力行者、全球绿色生态智慧城市的建造者,一直以建设优质、高效、绿色的好房子为己任。近年来,碧桂园集团积极响应国家建筑产业现代化转型的政策,不仅大力推广装配式建筑建设项目,还积极探索建筑业产业升级,推出了SSGF新建造理念。SSGF建造理念秉持科技创新(Sci-tech)、安全共享(Safe and share)、绿色可持续(Green)、优质高效(Fine and fast)四大核心理念,以"精品质、快速度、高效益"为内生驱动力,不断发展新建筑科技。装配式建筑与SSGF理念相结合,在碧桂园广东东莞茶山碧桂园等多项工程中得以推广,反馈良好(图1.31)。

(3)山东万斯达集团

山东万斯达建筑科技股份有限公司是我国最早从事建筑产业化领域装配式建筑体系研究、产品开发、制造、施工的高新技术企业。公司结合实践不断创新,逐渐完善了装配式建筑主体所需的主要结构部品,形成PK快装结构体系,并通过子公司山东万斯达工程建设有限公司开展建筑工程施工业务,是国内少数几家集技术咨询、研发设计、产品制造、工程安装、售后服务等为一体的建筑产业现代化企业(图1.32)。

图1.31　茶山碧桂园项目

图1.32　山东万斯达集团

山东新之筑信息科技有限公司隶属于山东万斯达集团,是一家专业从事装配式建筑专业建设、装配式建筑课程开发、资源开发、装配式建筑教学实训产品研发的高新技术企业。目前新之筑公司与多家高等院校、职业院校、行业协会、培训机构合作,为装配式建筑人才培养提供了优质的资源和服务。

课后习题

一、单选题

1.从狭义上理解和定义,装配式建筑是指(　　　)。

A.在施工现场支模浇筑的建筑

B.用预制部品、部件通过可靠的连接方式在工地装配而成的建筑

C.民用建筑

D.超过24 m的建筑

2.住房和城乡建设部印发《关于进一步推进工程总承包发展的若干意见》中明确,"大力推进(　　),有利于提升项目可行性研究和初步设计深度,实现设计、采购、施工等各阶段工作的深度融合,提高工程建设水平"。

A.项目总承包　　　　　　　　　　B.施工总承包

C.工程分包　　　　　　　　　　　D.工程总承包

3.《关于大力发展装配式建筑的指导意见》的工作目标中提出,要推动形成一批设计、施工、部品部件规模化生产企业,具有现代装配建造水平的(　　),以及与之相适应的专业化技能队伍。

A.设计总承包企业　　　　　　　　B.工程总承包企业

C.施工总承包企业　　　　　　　　D.设计-施工总承包企业

4.在《"十三五"装配式建筑行动方案》第三节"保障措施"第十一款"建立统计上报制度"指出:按照《装配式建筑评价标准》规定,用(　　)作为装配式建筑认定指标。

A.市场占有率　　　B.材料使用率　　　C.绿色分配率　　　D.装配率

5.国务院办公厅印发的《关于大力发展装配式建筑的指导意见》提出,力争用10年左右的时间,使装配式建筑占新建建筑面积的比例达到(　　)。

A.20%　　　　　　B.30%　　　　　　C.40%　　　　　　D.50%

6.在国务院办公厅《关于大力发展装配式建筑的指导意见》的重点任务中提出,强化建筑材料标准、部品部件标准、工程标准之间的(　　)。

A.衔接　　　　　　B.断开　　　　　　C.分割　　　　　　D.分开

二、多选题

1.装配式混凝土建筑应遵循建筑全寿命期的可持续性原则,并应(　　)、信息化管理和智能化应用。

A.标准化设计　　　B.工厂化生产　　　C.装配化施工　　　D.一体化装修

2.在国务院办公厅《关于大力发展装配式建筑的指导意见》中提出,发展装配式建筑有利于(　　)。

A.节约资源能源　　　　　　　　　B.减少施工污染

C.提升劳动生产效率　　　　　　　D.提升质量安全水平

3.预制保温外墙板一般采用三明治结构,即由(　　)组成。

A.加厚层　　　　　　B.结构层　　　　　　C.保温层　　　　　　D.保护层

4.根据主体结构的材料不同,装配式建筑可分成(　　)。

A.装配式混凝土建筑　　　　　　　B.装配式砌体结构建筑

C.装配式木结构建筑　　　　　　　D.装配式钢结构建筑

5.《关于大力发展装配式建筑的指导意见》提出的我国装配式建筑重点推进地区包括

（　　）。

    A.京津冀　　　　　　B.云贵川　　　　　　C.珠三角　　　　　　D.辽吉黑

三、判断题

1.装配式建筑项目可采用"设计-采购-施工"（EPC）总承包或"设计-施工"（D-B）总承包等工程项目管理模式。政府投资工程应带头采用工程总承包模式。　　　　　（　　）

2.装配式建筑产业基地是指具有明确的发展目标、较好的产业基础、技术先进成熟、研发创新能力强、产业关联度大、注重装配式建筑相关人才培养培新、能够发挥示范引领和带动作用的装配式建筑相关企业。　　　　　　　　　　　　　　　　　　　　（　　）

3.装配式建筑产业基地优先享受住房和城乡建设部和所在地住房和城乡建设管理部门的相关支持政策。　　　　　　　　　　　　　　　　　　　　　　　　　　　　　（　　）

4.装配率是指工业化建筑中预制构件、建筑部品的数量（或面积）占同类构件或部品总数量（或面积）的比率。　　　　　　　　　　　　　　　　　　　　　　　　　　（　　）

第2章　装配式混凝土建筑方案设计

教学目标：

1.理解装配式混凝土建筑方案设计中,建筑设计的主要原则;

2.掌握装配式混凝土建筑方案设计中,结构设计的主要体系特点、设计限值和等同现浇设计理念;

3.了解装配式混凝土建筑设备管线设计的常规做法;

4.了解装配式混凝土建筑内装设计的理念和常规做法。

素质目标：

1.尊重规律,尊重标准,工作严谨,态度认真;

2.勤学善思,勇于探索新知;

3.乐观积极,对装配式建筑发展前景充满信心。

2.1　建筑设计

装配式混凝土建筑应遵循建筑全周期的可持续性原则,并应满足模数协调、标准化设计和集成设计等要求。

2.1.1　模数协调

1)建筑模数

建筑模数是指为了实现建筑工业化大规模生产,使不同材料、不同形式和不同制造方法的建筑构配件、组合件具有一定的通用性和互换性,统一选定的协调建筑尺度的增值单位。

建筑模数分为基本模数和导出模数。建筑基本模数的数值是 100 mm,记作 1M。整个建筑物或建筑物一部分,以及建筑部件的模数化尺寸,应是基本模数的倍数。建筑导出模数分为扩大模数和分模数,扩大模数是基本模数的整数倍数,例如2M、3M、6M、9M、12M;分模数是基本模数的分数值,例如 M/10,M/5,M/2。以基本模数、扩大模数、分模数为基础,扩展成的一系列尺寸,称为模数数列。

装配式混凝土建筑的开间与柱距、进深与跨度、门窗洞口宽度等宜采用水平扩大模数数

列 $2n$M、$3n$M（n 为自然数）。层高和门窗洞口高度等宜采用竖向扩大模数数列 nM。梁、柱、墙等部件的截面尺寸宜采用竖向扩大模数数列 nM。内装系统中的装配式隔墙、整体收纳空间和管道井等单元模块化部品宜采用基本模数，也可插入分模数数列 nM/2 或 nM/5 进行调整。构造节点和部件的接口尺寸宜采用分模数数列 nM/2、nM/5、nM/10。

2）应用意义

装配式混凝土建筑设计应采用模数来协调结构构件、内装部品、设备与管线之间的尺寸关系，做到部品部件设计、生产和安装等相互间尺寸协调，减少和优化各部品部件的种类和尺寸。

模数协调是建筑部品部件实现通用性和互换性的基本原则，使规格化、通用化的部品部件适用于常规的各类建筑，满足各种要求。大量的规格化、定型化部品部件的生产可稳定质量，降低成本。通用化部件所具有的互换能力可促进市场的竞争和生产水平的提高。

3）定位方法

装配式混凝土建筑的定位宜采用中心定位法与界面定位法相结合的方法（图2.1）。部件的水平定位宜采用中心定位法，部件的竖向定位和部品的定位宜采用界面定位法。

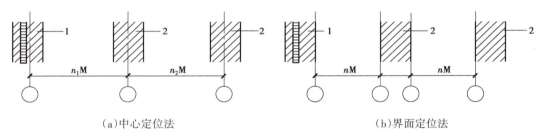

（a）中心定位法　　　　　　　　（b）界面定位法

图2.1　建筑定位方法示意
1—外墙；2—柱、墙等构件

4）其他

装配式混凝土建筑的开间、进深、层高、洞口等优先尺寸应根据建筑类型、使用功能、部品部件生产与装配要求等确定。

装配式混凝土建筑应严格控制预制构件、预制与现浇构件之间的建筑公差。部品部件尺寸及安装位置的公差协调应根据生产装配要求、主体结构层间变形、密封材料变形能力、材料干缩、温差变形、施工误差等确定。接缝的宽度应满足主体结构层间变形、密封材料变形能力、施工误差、温差引起变形等的要求，防止接缝漏水等质量事故的发生。

2.1.2　标准化设计

1）少规格、多组合

建筑中相对独立，具有特定功能，能够通用互换的单元称为模块。装配式混凝土建筑应采用模块及模块组合的设计方法，遵循少规格、多组合的原则。公共建筑应采用楼电梯、公共卫生间、公共管井、基本单元等模块进行组合设计。住宅建筑应采用楼电梯、公共管井、集成式厨房、集成式卫生间等模块进行组合设计。

2)标准化接口

装配式混凝土建筑部品部件的接口应具有统一的尺寸规格与参数,并满足公差配合及模数协调。这样的接口称为标准化接口。

3)平立面设计

装配式建筑设计应重视其平面、立面和剖面的规则性,宜优先选用规则的形体,同时便于工厂化、集约化生产加工,提高工程质量,并降低工程造价。装配式混凝土建筑平面设计应采用大开间大进深、空间灵活可变的布置方式;平面布置应规则,承重构件布置应上下对齐贯通,外墙洞口宜规整有序;设备与管线宜集中设置,并应进行管线综合设计。装配式混凝土建筑立面设计中,外墙、阳台板、空调板、外窗、遮阳设施及装饰等部品部件宜进行标准化设计;宜通过建筑体量、材质肌理、色彩等变化,形成丰富多样的立面效果;装饰面层宜采用清水混凝土、装饰混凝土、免抹灰涂料和反打面砖等耐久性强的建筑材料。

装配式混凝土建筑应根据建筑功能、主体结构、设备管线及装修等要求,确定合理的层高及净高尺寸。

2.1.3　集成设计

1)集成设计概述

集成设计是指建筑结构系统、外围护系统、设备与管线系统、内装系统一体化的设计。装配式混凝土建筑应进行集成设计,提高集成度、施工精度和效率。各系统设计应统筹考虑材料性能、加工工艺、运输限制、吊装能力等。

2)结构系统集成设计

结构系统宜采用功能复合度高的部件进行集成设计,优化部件规格;应满足部件加工、运输、堆放、安装的尺寸和重量要求。

3)外围护系统集成设计

外围护系统应对外墙板、幕墙、外门窗、阳台板、空调板及遮阳部件等进行集成设计;应采用提高建筑性能的构造连接措施;宜采用单元式装配外墙系统。

4)设备与管线系统集成设计

设备与管线系统应集成设计。给水排水、暖通空调、电气智能化、燃气等设备与管线应综合设计;宜选用模块化产品,接口应标准化,并应预留扩展条件。

5)内装系统集成设计

内装设计应与建筑设计、设备与管线设计同步进行;内装系统宜采用装配式楼地面、墙面、吊顶等部品系统；住宅建筑宜采用集成式厨房、集成式卫生间及整体收纳等部品系统。

6）接口与构造集成设计

接口及构造设计也应进行集成设计。结构系统部件、内装部品部件和设备管线之间的连接方式应满足安全性和耐久性要求；结构系统与外围护系统宜采用干式工法连接，其接缝宽度应满足结构变形和温度变形的要求；部品部件的构造连接应安全可靠，接口及构造设计应满足施工安装与使用维护的要求；应确定适宜的制作公差和安装公差设计值；设备管线接口应避开预制构件受力较大部位和节点连接区域。

2.1.4　其他

装配式混凝土建筑设计宜建立信息化协同平台，采用标准化的功能模块、部品部件等信息库，统一编码、统一规则，全专业共享数据信息，实现建设全过程的管理和控制。

装配式混凝土建筑应满足建筑全寿命期的使用维护要求，宜采用管线分离的方式。装配式混凝土建筑应满足国家现行标准有关防火、防水、保温、隔热及隔声等要求。

2.2　结构设计

2.2.1　结构体系

根据我国目前的研究工作水平和工程实践经验，对于高层装配式混凝土建筑，目前主要采用装配整体式混凝土结构，低层、多层装配式混凝土建筑也是以装配整体式混凝土结构为主。装配式混凝土结构最主要采用的结构形式有装配整体式混凝土框架结构和装配整体式混凝土剪力墙结构。

1）装配整体式混凝土框架结构

装配整体式混凝土框架结构是指全部或部分框架梁、框架柱采用预制混凝土构件装配而成的混凝土框架结构（图2.2）。

图2.2　装配整体式混凝土框架结构

框架结构建筑平面布置灵活,造价低,使用范围广,在低多层住宅和公共建筑中得到了广泛的应用。装配整体式混凝土框架结构继承了传统框架结构的以上优点。根据国内外多年的研究成果,当采用了可靠的节点连接方式和合理的构造措施后,地震区的装配整体式框架结构的性能可等同于现浇混凝土框架结构。因此,当节点及接缝采用适当的构造并满足相关要求时,可认为装配整体式框架结构性能与现浇结构基本一致。

2)装配整体式混凝土剪力墙结构

装配整体式混凝土剪力墙结构是指全部或部分剪力墙采用预制墙板构件装配而成的混凝土剪力墙结构(图2.3)。我国新型的装配式混凝土建筑是从住宅建筑发展起来的,现阶段高层住宅建筑绝大多数采用剪力墙结构。因此,装配整体式混凝土剪力墙结构在国内发展迅速,得到了广泛的应用。

图2.3　装配整体式混凝土剪力墙结构

装配整体式混凝土剪力墙结构中,墙体之间的接缝数量多且构造复杂,接缝的构造措施及施工质量对结构整体的抗震性能影响较大,因此,装配整体式剪力墙结构抗震性能很难完全等同于现浇结构。世界各地对装配式剪力墙结构的研究少于对装配式框架结构的研究,因此我国目前对装配整体式混凝土剪力墙结构采用从严要求的态度。

3)其他结构体系

我国目前推广的装配式混凝土结构体系中,除了装配整体式混凝土框架结构、装配整体式混凝土剪力墙结构,还包括装配整体式混凝土框架-现浇剪力墙结构、装配整体式框架-现浇核心筒结构、装配整体式部分框支剪力墙结构。

装配整体式混凝土框架-现浇剪力墙结构是以预制装配框架柱为主,并布置一定数量的现浇剪力墙,通过水平刚度很大的楼盖将二者联系在一起共同抵抗水平荷载。考虑到目前的研究基础,我国建议剪力墙构件采用现浇结构,以保证结构整体的抗震性能。装配整体式框架-现浇剪力墙结构中,框架的性能与现浇框架等同,因此整体结构性能与现浇框架-剪力墙结构基本相同。装配整体式框架-现浇核心筒结构、装配整体式部分框支剪力墙结构目前国内外研究均较少,在我国国内的应用也很少。

2.2.2　结构设计限值

1）最大适用高度

装配式混凝土建筑的房屋最大适用高度应满足表2.1的要求。

表2.1　装配整体式混凝土结构房屋的最大适用高度　　　　　　单位：m

结构类型	抗震设防烈度			
	6度	7度	8度（0.20g）	8度（0.30g）
装配整体式框架结构	60	50	40	30
装配整体式框架-现浇剪力墙结构	130	120	100	80
装配整体式框架-现浇核心筒结构	150	130	100	90
装配整体式剪力墙结构	130（120）	110（100）	90（80）	70（60）
装配整体式部分框支剪力墙结构	110（100）	90（80）	70（60）	40（30）

注：1.房屋高度指室外地面到主要屋面的高度，不包括局部突出屋顶的部分；
　　2.部分框支剪力墙结构指地面以上有部分框支剪力墙的剪力墙结构，不包括仅个别框支墙的情况。

当结构中竖向构件全部为现浇且楼盖采用叠合梁板时，房屋的最大适用高度可按现浇混凝土建筑采用。

装配整体式剪力墙结构和装配整体式部分框支剪力墙结构，在规定的水平力作用下，当预制剪力墙构件底部承担的总剪力大于该层总剪力的50%时，其最大适用高度应适当降低；当预制剪力墙构件底部承担的总剪力大于该层总剪力的80%时，最大适用高度应取表2.1中括号内的数值。

装配整体式剪力墙结构和装配整体式部分框支剪力墙结构，当剪力墙边缘构件竖向钢筋采用浆锚搭接连接时，房屋最大适用高度应比表中数值降低10 m。

超过表内高度的房屋，应进行专门研究和论证，采取有效的加强措施。

2）最大高宽比

高层装配整体式混凝土结构的高宽比不宜超过表2.2的数值。

表2.2　高层装配整体式混凝土结构适用的最大高宽比

结构类型	抗震设防烈度	
	6度、7度	8度
装配整体式框架结构	4	3
装配整体式框架-现浇剪力墙结构	6	5
装配整体式剪力墙结构	6	5
装配整体式框架-现浇核心筒结构	7	6

3) 结构构件抗震等级

装配整体式混凝土结构构件的抗震设计,应根据设防类别、烈度、结构类型和房屋高度采用不同的抗震等级,并应符合相应的计算和构造措施要求。丙类装配整体式混凝土结构的抗震等级应按表2.3确定。

表2.3 丙类建筑装配整体式混凝土结构的抗震等级

结构类别		抗震设防烈度							
		6度		**7度**			**8度**		
装配整体式框架结构	高度(m)	≤24	>24	≤24	>24		≤24	>24	
	框架	四	三	三	二		二	一	
	大跨度框架	三		二			一		
装配整体式框架-现浇剪力墙结构	高度(m)	≤60	>60	≤24	>24且≤60	>60	≤24	>24且≤60	>60
	框架	四	三	四	三	二	三	二	一
	剪力墙	三	三	三	二	二	二	二	一
装配整体式框架-现浇核心筒结构	框架	三		二			一		
	核心筒	二		二			一		
装配整体式剪力墙结构	高度(m)	≤70	>70	≤24	>24且≤70	>70	≤24	>24且≤70	>70
	剪力墙	四	三	四	三	二	三	二	一
装配整体式部分框支剪力墙结构	高度(m)	≤70	>70	≤24	>24且≤70	>70	≤24	>24且≤70	
	现浇框支框架	二	二	二	二	一	二	一	
	底部加强部位剪力墙	三	二	三	二	一	二	一	
	其他区域剪力墙	四	三	四	三	二	三	二	

注:1.大跨度框架指跨度不小于18 m的框架;
　　2.高度不超过60 m的装配整体式框架-现浇核心筒结构按装配整体式框架-现浇剪力墙的要求设计时,应按表中装配整体式框架-现浇剪力墙结构的规定确定其抗震等级。

甲类、乙类建筑应按本地区抗震设防烈度提高一度的要求加强其抗震措施,但抗震设防烈度为8度时应按比8度更高的要求采取抗震措施。当建筑场地为Ⅰ类时,应允许仍按本地区抗震设防烈度的要求采取抗震构造措施。

丙类建筑当建筑场地为Ⅰ类时,除6度外,应允许按本地区抗震设防烈度降低一度的要求采取抗震构造措施。

当建筑场地为Ⅲ、Ⅳ类时,对设计基本地震加速度为0.15g的地区,宜按抗震设防烈度8度(0.20g)时各类建筑的要求采取抗震构造措施。

4) 弹性层间位移角限值

弹性层间位移角是楼层内最大弹性层间位移与层高的比值。在风荷载或多遇地震作用下,结构楼层内最大的弹性层间位移角应符合表2.4的规定。

表2.4　弹性层间位移角限值

结构类型	弹性层间位移角限值
装配整体式框架结构	1/550
装配整体式框架-现浇剪力墙结构 装配整体式框架-现浇核心筒结构	1/800
装配整体式剪力墙结构 装配整体式部分框支剪力墙结构	1/1 000

2.2.3　等同现浇设计

1)现行标准与规范列入的节点

当预制构件之间采用后浇带连接且接缝构造及承载力满足现行标准与规范的相应要求时,可按现浇混凝土结构进行模拟。

装配式混凝土结构中,存在等同现浇的湿式连接节点,也存在非等同现浇的湿式或者干式连接节点。对于现行标准与规范中列入的各种现浇连接接缝构造,如框架节点梁端接缝、预制剪力墙竖向接缝等,已经有了很充分的试验研究,当其构造及承载力满足标准中的相应要求时,均能够实现等同现浇的要求,因此弹性分析模型可按照等同于连续现浇的混凝土结构来模拟。

2)现行标准与规范中未列入的节点及接缝构造

对于现行标准与规范中未包含的连接节点及接缝形式,应按照实际情况模拟。

对于现行标准与规范中未列入的节点及接缝构造,当有充足的试验依据表明其能够满足等同现浇的要求时,可按照连续的混凝土结构进行模拟,不考虑接缝对结构刚度的影响。所谓充足的试验依据,是指连接构造及采用此构造连接的构件,在常用参数(如构件尺寸、配筋率等)、各种受力状态下(如弯、剪、扭或复合受力、静力及地震作用)的受力性能均进行过试验研究,试验结果能够证明其与同样尺寸的现浇构件具有基本相同的性能水平,如具有基本相同的承载力、刚度、变形能力、延性、耗能能力等。

对于干式连接节点,一般应根据其实际受力状况模拟为刚接、铰接或者半刚接节点(图2.4)。如梁、柱之间采用牛腿、企口搭接,其钢筋不连接时,则模拟为铰接节点;如梁柱之间采用后张预应力压紧连接或螺栓压紧连接,一般应模拟为半刚性节点。计算模型中应包含连接节点,并准确计算出节点内力,以进行节点连接件及预埋件的承载力复核。连接的实际刚度可通过试验或者有限元分析获得。

图2.4　预制构件干式连接节点示例

2.2.4　其他

高层建筑装配整体式混凝土结构应符合下列规定(参见JGJ 1—2014《装配式混凝土结构技术规程》):

①宜设置地下室,地下室宜采用现浇混凝土;地下室顶板作为上部结构的嵌固部位时,宜采用现浇混凝土以保证其嵌固作用。对嵌固作用没有直接影响的地下室结构构件,当有可靠依据时,也可采用预制混凝土。

震害调查表明,有地下室的高层建筑破坏比较轻,且地下室对提高地基的承载力有利;高层建筑设置地下室,可以提高其在风、地震作用下的抗倾覆能力。因此,高层建筑装配整体式混凝土结构宜按规定设置地下室。地下室顶板作为上部结构的嵌固部位时,宜采用现浇混凝土以保证其嵌固作用。对嵌固作用没有直接影响的地下室结构构件,当有可靠依据时,也可采用预制混凝土。

②剪力墙结构和部分框支剪力墙结构底部加强部位宜采用现浇混凝土。

高层建筑装配整体式剪力墙结构和部分框支剪力墙结构的底部加强部位是结构抵抗罕遇地震的关键部位。弹塑性分析和实际震害均表明,底部墙肢的损伤往往较上部墙肢严重,因此对底部墙肢的延性和耗能能力的要求较上部墙肢高。目前,高层建筑装配整体式剪力墙结构和部分框支剪力墙结构的预制剪力墙竖向钢筋连接接头面积百分率通常为100%,其抗震性能尚无实际震害经验,对其抗震性能的研究以构件试验为主,整体结构试验研究偏少,剪力墙墙肢的主要塑性发展区域采用现浇混凝土有利于保证结构整体抗震能力。因此,高层建筑剪力墙结构和部分框支剪力墙结构的底部加强部位的竖向构件宜采用现浇混凝土。

③框架结构的首层柱宜采用现浇混凝土,顶层宜采用现浇楼盖结构。

高层建筑装配整体式框架结构,首层的剪切变形远大于其他各层。震害表明,首层柱底出现塑性铰的框架结构,其倒塌的可能性大。试验研究表明,预制柱底的塑性铰与现浇柱底的塑性铰存在一定的差别。在目前设计和施工经验尚不充分的情况下,高层建筑框架结构的首层柱宜采用现浇柱,以保证结构的抗地震倒塌能力。

④当底部加强部位的剪力墙、框架结构的首层柱采用预制混凝土时,应采取可靠的技术措施。

当高层建筑装配整体式剪力墙结构和部分框支剪力墙结构的底部加强部位及框架结构首层柱采用预制混凝土时,应进行专门研究和论证,采取特别的加强措施,严格控制构件加工和现场施工质量。在研究和论证过程中,应重点提高连接接头性能、优化结构布置和构造措施,提高关键构件和部位的承载能力,尤其是柱底接缝与剪力墙水平接缝的承载能力,确保实现"强柱弱梁"的目标,并对大震作用下首层柱和剪力墙底部加强部位的塑性发展程度进行控制,必要时应进行试验验证。

⑤结构转换层宜采用现浇楼盖。屋面层和平面受力复杂的楼层宜采用现浇楼盖;当采用叠合楼盖时,需提高后浇混凝土叠合层的厚度和配筋要求,楼板的后浇混凝土叠合层厚度

不应小于100 mm,且后浇层内应采用双向通长配筋,钢筋直径不宜小于8 mm,间距不宜大于200 mm,同时叠合楼板应设置桁架钢筋。

2.3　设备管线设计

2.3.1　一般规定

设备与管线系统是指由给水排水、供暖通风空调、电气和智能化、燃气等设备与管线组合而成,满足建筑使用功能的整体要求。

目前的建筑,尤其是住宅建筑,一般均将设备管线埋在楼板现浇混凝土或墙体中,把使用年限不同的主体结构和管线设备混在一起建造。若干年后,大量的建筑虽然主体结构尚可,但装修和设备等早已老化,改造更新困难,甚至不得不拆除重建,缩短了建筑使用寿命。因此,装配式混凝土建筑的设备与管线宜与主体结构相分离,应方便维修更换,且不应影响主体结构安全。这种将设备与管线设置在结构系统之外的方式称为管线分离(图2.5)。

图2.5　管线分离

装配式混凝土建筑的设备与管线宜采用集成化技术,标准化设计,当采用集成化新技术、新产品时应有可靠依据。设备与管线应合理选型,准确定位。设备和管线设计应与建筑设计同步进行,预留预埋应满足结构专业相关要求。装配式混凝土建筑的设备与管线设计宜采用建筑信息模型技术。在结构深化设计以前,可以采用包含BIM在内的多种技术手段开展三维管线综合设计,对各专业管线在预制构件上预留的套管、开孔、开槽位置尺寸进行综合及优化,形成标准化方案,并做好精细设计以及定位,避免错漏碰缺,降低生产及施工成本,减少现场返工。不得在安装完成后的预制构件上剔凿沟槽、打孔开洞。穿越楼板管线较多且集中的区域可采用现浇楼板。

装配式混凝土建筑的部品与配管连接、配管与主管道连接及部品间连接应采用标准化接口,且应方便安装、使用和维护。

装配式混凝土建筑的设备与管线宜在架空层或吊顶内设置。公共管线、阀门、检修口、计量仪表、电表箱、配电箱、智能化配线箱等应统一集中设置在公共区域。设备与管线穿越楼板和墙体时,应采取防水、防火、隔声、密封等措施。

2.3.2 给水排水

装配式混凝土建筑冲厕宜采用非传统水源。当市政中水条件不完善时,居住建筑冲厕用水可采用模块化户内中水集成系统,同时应做好防水处理。

装配式混凝土建筑给水系统设计应符合下列规定:

①给水系统配水管道与部品的接口形式及位置应便于检修更换,并应采取措施避免结构或温度变形对给水管道接口产生影响;

②给水分水器与用水器具的管道接口应一对一连接,在架空层或吊顶内敷设时,中间不得有连接配件,分水器设置位置应便于检修,并宜有排水措施;

③采用装配式的管线及其配件连接;

④设在吊顶或楼地面架空层的给水管道应采取防腐蚀、隔声减噪和防结露等措施。

在建筑排水系统中,器具排水管及排水支管不穿越本层结构楼板到下层空间、与卫生器具同层敷设并接入排水立管的排水方式,称为同层排水。装配式混凝土建筑的排水系统宜采用同层排水技术,同层排水管道敷设在架空层时,宜设积水排出措施(图2.6)。

装配式混凝土建筑应选用耐腐蚀、使用寿命长、降噪性能好、便于安装及维修的管材、管件,以及连接可靠、密封性能好的管道阀门设备。装配式混凝土建筑的太阳能热水系统应与建筑一体化设计(图2.7)。

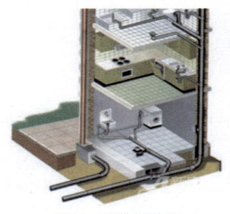

图2.6　同层排水示意图

图2.7　太阳能热水系统示意图

2.3.3 电气和智能化

装配式混凝土建筑的电气和智能化设备与管线的设计,应满足预制构件工厂化生产、施工安装及使用维护的要求。

1)电气与智能化设备与管线设置与安装

装配式混凝土建筑的电气和智能化设备与管线设置及安装应符合下列规定:

①电气和智能化系统的竖向主干线应在公共区域的电气竖井内设置；

②配电箱、智能化配线箱不宜安装在预制构件上；

③灯具、桥架、母线、配电设备等安装在预制构件上时，应采用预留预埋件固定；

④预制构件上的接线盒、连接管等应做预留，出线口和接线盒应准确定位；

⑤预制构件受力部位和节点连接区域设置孔洞及接线盒，隔墙两侧的电气和智能化设备不应直接连通设置。

2）防雷设计

装配式混凝土建筑的防雷设计应符合下列规定：

①预制剪力墙、预制柱内的部分钢筋作为防雷引下线时，预制构件内作为防雷引下线的钢筋应在构件接缝处作可靠的电气连接，并在构件接缝处预留施工空间及条件，连接部位应有永久性明显标记；

②墙上的金属管道、栏杆、门窗等金属物需要与防雷装置连接时，应与相关预制构件内部的金属件连接成电气通路；

③电位连接的场所，各构件内的钢筋应作可靠的电气连接，并与等电位连接箱连通。

2.3.4 供暖、通风、空调及散热器

装配式混凝土建筑应采用适宜的节能技术，维持良好的热舒适性，降低建筑能耗，减少环境污染，并充分利用自然通风。其通风、供暖和空调等设备均应选用能效比高的节能型产品，以降低能耗。

供暖系统宜采用适宜于干式工法施工的低温地板辐射供暖产品。但集成式卫浴和同层排水的架空地板下面由于有很多给水和排水管道，为了方便检修，不建议采用地板辐射供暖方式，宜采用散热器供暖。

当墙板或楼板上安装供暖与空调设备时，其连接处应采取加强措施。当采用散热器供暖系统时，散热器安装应牢固可靠，安装在轻钢龙骨隔墙上时，应采用隐蔽支架固定在结构受力件上；安装在预制复合墙体上时，其挂件应预埋在实体结构上，挂件应满足刚度要求；当采用预留孔洞安装散热器挂件时，预留孔洞的深度应不小于120 mm（图2.8）。

图2.8 悬挂散热器的墙体应采取加强措施

2.4　内装设计

2.4.1　一般规定

内装系统是指由楼地面、墙面、轻质隔墙、吊顶、内门窗、厨房和卫生间等组合而成,满足建筑空间使用要求的整体。

1)一体化协同设计

装配式混凝土建筑的内装设计应遵循标准化设计和模数协调的原则,宜采用建筑信息模型(BIM)技术与结构系统、外围护系统、设备管线系统进行一体化设计。从目前建筑行业的工作模式来说,都是建筑各专业的设计完成之后再进行内装设计。这种模式使得后期的内装设计经常要对建筑设计图纸进行修改和调整,造成施工时的拆改和浪费,因此,装配式混凝土建筑的内装设计应与建筑各专业进行协同设计。

2)干式工法

干式工法是指采用干作业施工的建造方法。作业现场采用干作业施工工艺的干式工法是装配式建筑的核心内容。我国传统作业现场具有湿作业多、施工精度差、工序复杂、建造周期长、依赖现场工人水平和施工质量难以保证等问题,干式工法作业可实现高精度、高效率和高品质(图2.9)。

图2.9　干式工法地面施工工艺

3)全装修

全装修是指所有功能空间的固定面装修和设备设施全部安装完成,达到建筑使用功能和建筑性能的状态。全装修强调了作为建筑的功能和性能的完备性。装配式建筑的最低要求应该定位在具备完整功能的成品形态,不能割裂结构、装修,底线是交付成品建筑。推进全装修,有利于提升装修集约化水平,提高建筑性能和消费者的生活质量,带动相关产业发展。全装修是房地产市场成熟的重要标志,是与国际接轨的必然发展趋势,也是推进我国建筑产业健康发展的重要路径。

4）其他

装配式混凝土建筑的内装部品和室内管线应与预制构件的深化设计紧密配合，预留接口位置应准确到位。

装配式混凝土建筑应在内装设计阶段对部品进行统一编号，在生产、安装阶段按编号实施。

2.4.2　内装部品设计选型

装配式混凝土建筑应在建筑设计阶段对轻质隔墙系统、吊顶系统、楼地面系统、墙面系统、集成式厨房、集成式卫生间、内门窗等进行部品设计选型。装配式建筑的内装设计与传统内装设计的区别之一就是部品选型的概念，部品是装配式建筑的基本单元，具有标准化、系列化、通用化的特点。装配式建筑的内装设计更注重通过对标准化、系列化的内装部品选型来实现内装的功能和效果。

内装部品应与室内管线进行集成设计，并应满足干式工法的要求。内装部品应具有通用性和互换性。采用管线分离时，室内管线的敷设通常设置在墙、地面架空层、吊顶或轻质隔墙空腔内，将内装部品与室内管线进行集成设计，会提高部品集成度和安装效率，责任划分也更加明确。

1）装配式隔墙、吊顶、楼地面

装配式隔墙、吊顶和楼地面是由工厂生产的，具有隔声、防火、防潮等性能且满足空间功能和美学要求的部品集成，主要采用干式工法装配而成的隔墙、吊顶和楼地面。装配式混凝土建筑宜采用装配式隔墙、吊顶和楼地面。墙面系统宜选用具有高差调平作用的部品，并应与室内管线进行集成设计。

轻质隔墙系统宜结合室内管线的敷设进行构造设计，避免管线安装和维修更换对墙体造成破坏；应满足不同功能房间的隔声要求；应在吊挂空调、画框等部位设置加强板或采取其他可靠加固措施（图2.10）。

吊顶系统设计应满足室内净高的需求，并宜在预制楼板（梁）内预留吊顶、桥架、管线等安装所需预埋件；应在吊顶内设备管线集中的部位设置检修口。

楼地面系统宜选用集成化部品系统，并应保证楼地面系统的承载力满足房间使用要求。为实现管线分离，装配式混凝土建筑宜设置架空地板系统。架空地板系统宜设置减振构造。架空地板系统的架空高度应根据管径尺寸、敷设路径、设置坡度等确定，并应设置检修口。在住宅建筑中，应考虑设置架空地板对住宅层高的影响。

发展装配式隔墙、吊顶和楼地面部品技术，是我国装

图2.10　装配式隔墙

配化装修和内装产业化发展的主要内容。以轻钢龙骨石膏板体系的装配式隔墙、吊顶(图2.11)为例,其主要特点如下:

①干式工法,实现建造周期缩短60%以上;

②减少室内墙体占用面积,提高建筑的得房率;

③保温、隔声、环保及安全性能全面提升;

④资源再生,利用率在90%以上;

⑤利于实现对空间进行重新分割;

⑥健康环保性能提高,可有效调整湿度,增加舒适感。

图2.11 轻钢龙骨石膏板吊顶

2)集成式厨卫

集成式厨房是指由工厂生产的楼地面、吊顶、墙面、橱柜和厨房设备及管线等集成并主要采用干式工法装配而成的厨房。集成式卫生间是指由工厂生产的楼地面、墙面(板)、吊顶和洁具设备及管线等集成并主要采用干式工法装配而成的卫生间。集成式厨房、集成式卫生间是装配式建筑装饰装修的重要组成部分,其设计应按照标准化、系统化原则,并符合干式工法施工的要求,在制作和加工阶段全部实现装配化。集成式厨房设计应合理设置洗涤池、灶具、操作台、排油烟机等设施,并预留厨房电气设施的位置和接口;应预留燃气热水器及排烟管道的安装及留孔条件;给水排水、燃气管线等应集中设置、合理定位,并在连接处设置检修口。集成式卫生间宜采用干湿分离的布置方式,湿区可采用标准化整体卫浴产品。集成式卫生间应综合考虑洗衣机、排气扇(管)、暖风机等的设置,并应在给水排水、电气管线等连接处设置检修口。

2.4.3 接口与连接

1)标准化接口

标准化接口是指具有统一的尺寸规格与参数,并满足公差配合及模数协调的接口。在装配式建筑中,接口主要是两个独立系统、模块或者部品部件之间的共享边界。接口的标准化,可以实现通用性以及互换性。

装配式混凝土建筑的内装部品应具有通用性和互换性。采用标准化接口的内装部品，可有效避免不同内装部品系列接口的非兼容性。在内装部品的设计上，应严格遵守标准化、模数化的相关要求，提高部品之间的兼容性。

2）连接

装配式混凝土建筑的内装部品、室内设备管线与主体结构的连接在设计阶段宜明确主体结构的开洞尺寸及准确定位。连接宜采用预留预埋的安装方式。当采用其他安装固定方法时，不应影响预制构件的完整性与结构安全。内装部品接口应做到位置固定、连接合理、拆装方便、使用可靠。

轻质隔墙系统的墙板接缝处应进行密封处理。隔墙端部与结构系统应有可靠连接。门窗部品收口部位宜采用工厂化门窗套。集成式卫生间采用防水底盘时，防水底盘的固定安装不应破坏结构防水层，防水底盘与壁板、壁板与壁板之间应有可靠连接设计，并保证水密性。

课后习题

一、单选题

1.装配式混凝土建筑竖向定位宜采用（　　　）。

A.中心定位法　　　　B.偏心定位法　　　　　C.界面定位法　　　　D.以上均可

2.装配式混凝土建筑宜设置地下室，地下室宜采用（　　　）。

A.现浇混凝土　　　　B.装配式构件　　　　　C.钢结构构件　　　　D.砌体结构

二、多选题

1.在装配式建筑方案设计阶段，应协调（　　　）之间的关系，并应加强建筑、结构、设备、装修等专业之间的配合。

A.建设　　　　　　　B.设计　　　　　　　　C.制作　　　　　　　D.施工

2.下列构件中，属于受弯构件的是（　　　）。

A.柱　　　　　　　　B.墙　　　　　　　　　C.梁　　　　　　　　D.板

3.装配式建筑应遵循（　　　）原则。

A.少规格　　　　　　B.多规格　　　　　　　C.少组合　　　　　　D.多组合

三、判断题

1.装配式混凝土建筑应将结构系统、外围护系统、设备与管线系统、内装系统集成，实现建筑功能完整，性能优良。（　　　）

2.装配式混凝土结构中装配整体式结构承载能力极限状态及正常使用极限状态的作用效应分析可采用弹性方法。（　　　）

第3章 装配式混凝土建筑深化设计

教学目标：

1.了解装配式混凝土建筑深化设计的含义、设计内容和辅助工具；

2.掌握装配式混凝土建筑的核心技术；

3.掌握装配式混凝土建筑常见的部品部件；

4.理解装配式混凝土建筑预制构件的连接做法。

素质目标：

1.知礼明礼，严谨谦逊；

2.勤学善学，开拓创新；

3.树立岗位责任感，培养积极刻苦的工作态度。

3.1 深化设计概述

3.1.1 深化设计含义

装配式混凝土建筑深化设计是指在设计单位提供的施工图的基础上，结合装配式混凝土建筑特点以及参建各方的生产和施工能力，对图纸进行细化、补充和完善，绘制能够直接指导预制构件生产和现场安装施工的图纸，并经原设计单位签字确认。装配式混凝土建筑深化设计又称二次设计，用于指导预制构件生产的深化设计也被称为构件拆分设计(图3.1)。

目前装配式建筑行业深化设计工作的开展形式有专业软件辅助下的电算设计出图和人工设计绘图两种形式。电算设计出图的工作方式效率高，对设计人员的专业能力要求相对宽松，但对专业软件的设计出图能力要求较高，一旦出现软件输出错误则会造成巨大的工程损失。

3.1.2 深化设计内容

装配式混凝土结构工程施工前，应由相关单位完成深化设计，并经原设计单位确认。预制构件的深化设计图应包括但不限于下列内容：

拆分设计

构件深化

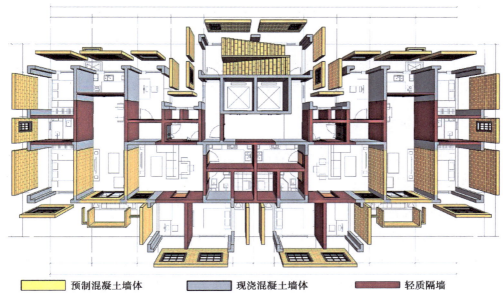

| 预制混凝土墙体 | 现浇混凝土墙体 | 轻质隔墙 |

图3.1　拆分设计示意

1）编制深化设计图纸总说明

深化设计图纸总说明是对整套深化设计图纸的总体性、通用性信息的汇总介绍。深化设计图纸总说明的编制，应明确深化设计工作的开展依据，如设计委托文件、现行标准及规范等。

2）编制各楼层构件拆分平面图

各楼层构件拆分平面图是示意各楼层上预制构件分布情况与连接情况的平面示意图。楼层构件拆分平面图的编制应基于项目整体的深化设计方案，从建筑需求、结构计算结果、水暖电设备与管线埋设需求、内装修需求等多角度进行综合考量。楼层构件拆分平面图的设计与绘制，是装配式建筑深化设计的核心工作。

3）绘制预制构件详图

预制构件详图是表达预制构件详细信息、支持构件工厂化生产的图纸。预制构件详图的绘制应基于构件的拆分方案、现行标准及规范等对预制构件的构造要求、预制构件制作安装企业的运营能力等条件进行综合考量。预制构件详图应包括但不限于预制构件模板图、预制构件配筋图、钢筋表与埋件信息表等。其中，预制构件模板图应通过平面图、剖面图等多个角度反馈构件信息，且应注明埋件位置、管线留设位置和预留孔洞位置等。

对于夹心保温外墙板构件，还应绘制内外叶墙板拉结件的布置图及保温板排板图。对带饰面砖或饰面板的构件，还应绘制排砖图或排板图。

4）绘制预制构件间连接节点做法图

深化设计图纸应注明预制构件间的连接节点做法。预制构件间的连接节点做法一般采用现行标准、规范、图集规定的做法,也可采用经确认安全可靠的其他连接做法。

5)制作计算书

预制构件详图设计应充分考虑预制构件在脱模、翻转及运输、吊装等环节的结构安全,并提供相应的计算书。计算书是深化设计文件的重要组成部分。

3.1.3　深化设计辅助工具

专业的装配式建筑深化设计电算软件品类繁多,且操作模式各异。本书介绍几种国内常用的装配式建筑深化设计软件。

1)欧特克公司系列软件

欧特克(Autodesk)公司的 AutoCAD、Revit、Navisworks 等系列软件是目前最常用的 BIM 建模软件。欧特克公司系列软件在建筑设计、制图和数据管理中拥有领先于业界的提供三维设计解决方案的能力。该系列软件模拟精度高,完全满足当前的建筑设计要求,但软件运行对电脑内存要求很高(图3.2)。

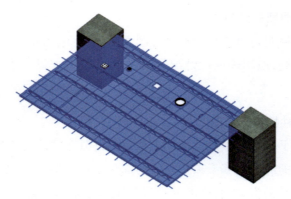

图3.2　Revit 软件用于装配式建筑深化设计

AutoCAD 主要用于建筑 2D 图纸表达。未配套第三方软件的 AutoCAD 是以线条作为基本图元实现图纸绘制,呈现样式灵活,应用范围广泛。相较于其他深化设计软件,AutoCAD 可用于非规则、非常规设计,缺点是设计速度较慢,效率较低。

Revit 是 BIM 建模领域应用最广的软件,常用于创建建筑 3D 模型,并承载构件材料与工程量、施工进度等信息。Revit 2022 版新增了装配式建筑模块,为装配式建筑常见模块和构件提供参数化建模的应用接口。

2)BeePC 软件

BeePC 软件又称小蜜蜂软件,是杭州嗡嗡科技有限公司推出的一款国内装配式建筑智能深化设计软件。BeePC 软件依附 Revit 软件运行,以参数化建模为特点,将 3D 建模设计转化为输入建筑或构件的信息参数,有效降低了装配式建筑深化设计的难度,为高效化工作提供了可能(图3.3)。

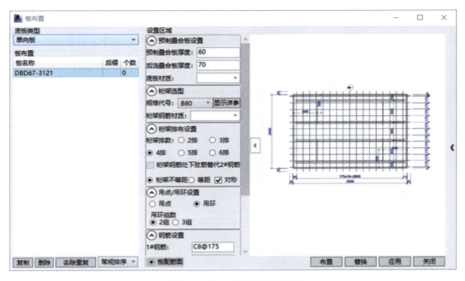

图3.3　BeePC软件界面

3）Planbar软件

德国内梅切克（Nemetschek）公司的Planbar、Allplan系列软件是最早的具有国际市场影响力的BIM核心的装配式建筑深化设计软件。汉化后的Planbar软件（图3.4）进入国内市场后，在长三角、珠三角等地区的装配式建筑企业中被广泛采用，口碑良好。

Planbar软件的主要功能如下：

①支持2D/3D同平台工作。Planbar同时含有2D和3D相关模块，采用2D工作方式创建3D模型，在同一平台中实现2D信息和3D模型的创建和修改，实现真正的BIM工作方式。

②精准创建3D模型。通过Planbar"向导"功能，可以高效创建建筑模型，因向导构件的参数和属性均为智能调用的，因此无须重新设置和计算，从而可快速、规范、精准地创建3D模型。

③高效深化设计。Planbar提供丰富的钢筋形状库以供用户自由调用，用户还可以通过自定义参数，实现任意钢筋形状的创建。此外，Planbar中提供的多样化布筋方法，可高效布置各类复杂构件，提高工作效率。

④优化BIM模型，避免碰撞，减少损失。应用Planbar碰撞检查功能对钢筋和钢筋、钢筋和预埋件之间进行碰撞检查，快速发现设计中存在的不合理问题并及时解决，将错误降到最低，最大限度避免项目返工的风险。

⑤模型轻量化处理。应用Planbar模型轻量化处理功能，可为用户显示更多的模型，并保证其在展示过程中的流畅性。

⑥一键出深化图样。Planbar内置出图布局库，用户可以根据需要自定义图样的布局排列，依据构件几何尺寸和钢筋的3D模型，一键点击即可自动生成2D图样。图样上不仅自动提供了预埋件、钢筋的标签和尺寸标注线，还提供了该预制构件的所有物料信息。

⑦批量生成物料清单。只需一键点击Planbar的列表发生器、报告、图例三项功能，就能够分别以不同的格式为用户快速创建所需的物料清单，如构件清单、单个构件物料清单及工

厂钢筋加工下料单等。对于物料清单的导出格式,用户可在模板的基础上进行自定义设置。

⑧为自动生产线设备提供可靠的生产数据,推动建筑工业自动化。

⑨信息共享化。

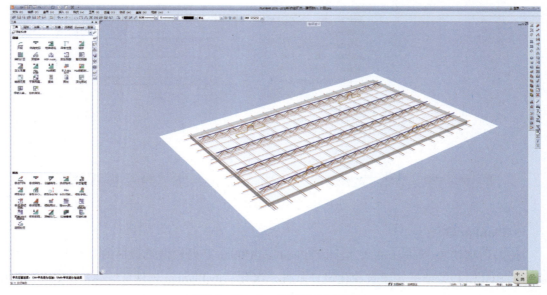

图3.4 Planbar软件汉化版界面

3.2 核心技术

3.2.1 钢筋套筒灌浆连接技术

1)技术简介

装配式混凝土建筑中,钢筋连接方式不仅包括传统的焊接、机械连接和搭接,还包括钢筋套筒灌浆连接和浆锚搭接连接等。其中,钢筋套筒灌浆连接的应用最为广泛。

钢筋套筒灌浆连接是指将钢筋插入预埋在预制混凝土构件中的灌浆套筒(图3.5),并灌注水泥基灌浆料而实现的钢筋连接方式(图3.6)。这种技术在美国和日本已经有近四十年的应用历史,在我国台湾地区也有十余年的应用历史。四十年来,上述国家和地区对钢筋套筒灌浆连接技术进行了大量的试验研究,采用这项技术的建筑物也经历了多次地震的考验。经检验,钢筋套筒灌浆连接技术安全可靠。美国认证协会(ACI)明确地将钢筋套筒灌浆连接接头归类为机械连接接头,并将钢筋套筒灌浆连接技术广泛用于预制构件受力钢筋的连接,同时也用于现浇混凝土受力钢筋的连接,将钢筋套筒灌浆连接技术认定为十分成熟和可靠的技术。在我国,这种连接技术在电力和冶金行业有过二十余年的成功应用,近年来开始引入建筑行业。中国建筑科学研究院、中冶建筑研究总院有限公司、清华大学、万科企业股份有限公司等单位都对这种钢筋连接技术进行了一定数量的试验研究工作,证实了它的安全性。

图3.5　灌浆套筒

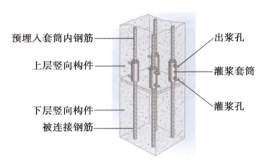

图3.6　钢筋套筒灌浆连接构件接头示意图

2)灌浆套筒

　　钢筋连接用的灌浆套筒是指采用铸造工艺或机械加工工艺制造,用于钢筋套筒灌浆连接的金属套筒,简称灌浆套筒。按加工方式分类,灌浆套筒分为铸造灌浆套筒和机械加工灌浆套筒。按结构形式分类,灌浆套筒可分为全灌浆套筒和半灌浆套筒。全灌浆套筒是指筒体两端均采用灌浆方式连接钢筋的灌浆套筒(图3.7);半灌浆套筒是指筒体一端采用灌浆方式连接,另一端采用非灌浆方式连接钢筋的灌浆套筒,一般采用螺纹连接(图3.8)。

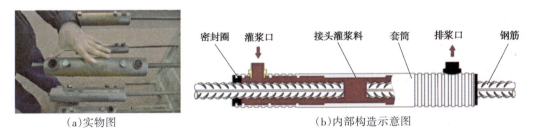

(a)实物图　　　　　　　　　　　　(b)内部构造示意图

图3.7　全灌浆套筒示意图

(a)实物图　　　　　　　　　　　　(b)内部构造示意图

图3.8　半灌浆套筒

按套筒的整体性分类,灌浆套筒可分为整体式灌浆套筒和分体式灌浆套筒。整体式灌浆套筒是指筒体由一个单元组成的套筒;分体式灌浆套筒是指筒体由两个单元通过螺纹连接成整体的套筒。

采用套筒灌浆连接的构件混凝土强度等级不宜低于C30。钢筋套筒灌浆端最小内径与连接钢筋公称直径的差值应满足表3.1的要求。灌浆套筒用于钢筋锚固的深度不宜小于插入钢筋公称直径的8倍。当灌浆套筒规定的连接钢筋直径与实际用于连接的钢筋直径不同时,应按灌浆套筒灌浆端用于钢筋锚固的深度要求确定钢筋锚固长度。

表3.1 灌浆套筒灌浆段最小内径尺寸要求

钢筋直径(mm)	套筒灌浆段最小内径与连接钢筋公称直径差最小值(mm)
12 ~ 25	10
28 ~ 40	15

钢筋套筒灌浆连接接头的抗拉强度和屈服强度不应小于连接钢筋的抗拉强度和屈服强度标准值,且破坏时应断于接头外钢筋。灌浆套筒应与连接钢筋的牌号、直径相配套,在设计及施工时应对此予以特别关注:接头连接钢筋的强度等级不应大于灌浆套筒规定的连接钢筋强度等级;接头连接钢筋的直径规格不应大于灌浆套筒规定的连接钢筋直径规格,且不宜小于灌浆套筒规定的连接钢筋直径规格一级以上。为保证灌浆施工的可行性,竖向构件的配筋应结合灌浆孔、出浆孔的位置进行布置,使灌浆孔、出浆孔对外,为可靠灌浆提供施工条件。此外,对于截面尺寸较大的竖向构件,尤其是对于底部设置键槽的预制柱,应设置排气孔。

混凝土构件中灌浆套筒的净距不应小于25 mm。在灌浆套筒长度范围内,预制混凝土柱箍筋的混凝土保护层厚度不应小于20 mm,预制混凝土墙最外层钢筋的混凝土保护层厚度不应小于15 mm。

3)钢筋连接用套筒灌浆料

钢筋连接用套筒灌浆料是以水泥为基本材料,配以细骨料、混凝土外加剂和其他材料组成的干混料,简称套筒灌浆料。该材料加水搅拌后具有良好的流动性、早强、高强、微膨胀等性能,填充于套筒和带肋钢筋间隙内,形成钢筋套筒灌浆连接接头。

套筒灌浆料分为常温型套筒灌浆料和低温型套筒灌浆料。常温型套筒灌浆料适用于灌浆施工及养护过程中24 h内灌浆部位环境温度不低于5 ℃的作业环境;低温型套筒灌浆料适用于灌浆施工及养护过程中24 h内灌浆部位环境温度范围为−5 ~ 10 ℃的作业环境。

常温型套筒灌浆料的性能应符合表3.2的要求。低温型套筒灌浆料的性能应符合表3.3的要求。

表 3.2　常温型套筒灌浆料的性能指标

检测项目		性能指标
流动度（mm）	初始	≥300
	30 min	≥260
抗压强度（MPa）	1 d	≥35
	3 d	≥60
	28 d	≥85
竖向膨胀率（%）	3 h	0.02～2
	24 h 与 3 h 差值	0.02～0.40
28 d 自干燥收缩（%）		≤0.045
氯离子含量（%）		≤0.03
泌水率（%）		0

注：氯离子含量以灌浆料总量为基准。

表 3.3　低温型套筒灌浆料的性能指标

检测项目		性能指标
−5 ℃流动度（mm）	初始	≥300
	30 min	≥260
8 ℃流动度（mm）	初始	≥300
	30 min	≥260
抗压强度（MPa）	−1 d	≥35
	−3 d	≥60
	−7 d+21 d	≥85
竖向膨胀率（%）	3 h	0.02～2
	24 h 与 3 h 差值	0.02～0.40
28 d 自干燥收缩（%）		≤0.045
氯离子含量（%）		≤0.03
泌水率（%）		0

注：1.−1 d 代表在负温养护 1 d，−3 d 代表在负温养护 3 d，−7 d+21 d 代表在负温养护 7 d 转标养 21 d。
　　2.氯离子含量以灌浆料总量为基准。

常温型套筒灌浆料试件成型时试验室的温度应为（20±2）℃，相对湿度应大于 50%；养护室的温度应为（20±1）℃，相对湿度不应低于 90%，养护水的温度应为（20±1）℃。低温型套筒灌浆料试件成型时试验室的温度应为（−5±2）℃，养护室的温度为（−5±1）℃。

钢筋连接用套筒灌浆料多采用预拌成品灌浆料。生产厂家应提供产品合格证、使用说明书和产品质量检测报告。交货时,产品的质量验收可抽取实物试样,以其检验结果为依据,也可以产品同批号的检验报告为依据。采用何种方法验收由买卖双方商定,并在合同或协议中注明。

套筒灌浆料包装袋(筒)上应标明产品名称、型号、净质量、使用要点、生产厂家(包括单位地址、电话)、生产批号、生产日期、保质期等内容。套筒灌浆料应采用防潮袋(筒)包装。

产品运输和贮存时不应受潮和混入杂物。产品应贮存于通风、干燥、阴凉处,运输过程中应注意避免阳光长时间照射。

3.2.2　混凝土接合技术

为保证预制混凝土构件与现浇混凝土之间能够可靠连接,在预制混凝土构件制作时,宜将其接触面做成粗糙面或键槽。

1)粗糙面

粗糙面是指预制构件结合面上凹凸不平或骨料显露的表面,其面积不宜小于结合面的80%,对于预制板其凹凸深度不应小于4 mm,对预制梁端、柱端和墙端其凹凸深度不应小于6 mm(图3.9)。

预制构件粗糙面可采用模板面预涂缓凝剂的工艺,待脱模后采用高压水冲洗露出骨料的方式制作,也可以在叠合面粗糙面混凝土初凝前进行拉毛或凿毛处理。

2)键槽

键槽是指预制构件混凝土表面规则且连续的凹凸构造,其可实现预制构件和后浇混凝土的共同受力作用(图3.10)。

图3.9　混凝土粗糙面

图3.10　梁端混凝土键槽

键槽的尺寸和数量应经计算确定。对于预制梁端面的键槽,其深度不宜小于30 mm,宽度不宜小于深度的3倍且不宜大于深度的10倍;键槽可贯通截面,当不贯通时槽口距离截面边缘不宜小于50 mm;键槽间距宜等于键槽宽度;键槽端部斜面倾角不宜大于30°。对于预制剪力墙侧面的键槽,其深度不宜小于20 mm,宽度不宜小于深度的3倍且不宜大于深度的10倍;键槽间距宜等于键槽宽度;键槽端部斜面倾角不宜大于30°。对于预制柱底部的键槽,其深度不宜小于30 mm;键槽端部斜面倾角不宜大于30°(图3.11)。

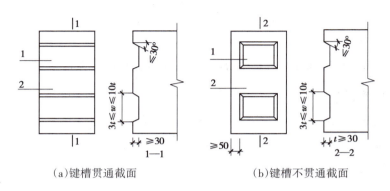

(a)键槽贯通截面　　　　　　　(b)键槽不贯通截面

图3.11　梁端键槽构造示意

1—键槽;2—梁端面

预制板与后浇混凝土叠合层之间的结合面应设置粗糙面。预制梁与后浇混凝土叠合层之间的结合面应设置粗糙面;预制梁端面应设置键槽且宜设置粗糙面。预制剪力墙的顶部和底部与后浇混凝土的结合面应设置粗糙面;侧面与后浇混凝土的结合面应做成粗糙面,也可设置键槽。预制柱的底部应设置键槽且宜做成粗糙面,柱顶应设置粗糙面。

3.2.3　钢筋锚固板技术

1)技术简介

锚固板是指设置于钢筋端部用于钢筋锚固的承压板。钢筋锚固板的锚固性能安全可靠,施工工艺简单,加工速度快,有效地减少了钢筋的锚固长度,从而节约了钢材。钢筋锚固板是解决节点核心区钢筋拥堵的有效方法,具有广阔的发展前景(图3.12)。

2)锚固板分类

按照发挥钢筋抗拉强度的机理不同,锚固板分为全锚固板和部分锚固板。全锚固板是指依靠锚固板承压面的混凝土承压作用发挥钢筋抗拉强度的锚固板;部分锚固板是指依靠埋入长度范围内钢筋与混凝土的黏结和锚固板承压面的混凝土承压作用共同发挥钢筋抗拉强度的锚固板。

按照钢筋锚固板的设置方式,锚固板应用状态可分成正放和反放两种(图3.13)。

图3.12　钢筋锚固板实物图

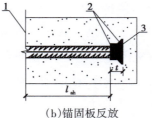

（a）锚固板正放 （b）锚固板反放

图3.13 钢筋锚固板示意图

1—锚固区钢筋应力最大处截面；2—锚固板承压面；3—锚固板端面

3）锚固板构造要求

锚固板应按照不同分类确定其尺寸，且应符合下列要求：

①全锚固板承压面积不应小于钢筋公称面积的9倍；

②部分锚固板承压面积不应小于钢筋公称面积的4.5倍；

③锚固板厚度不应小于被锚固钢筋直径的1倍；

④当采用不等厚或长方形锚固板时，除应满足上述面积和厚度要求外，尚应通过国家、省部级主管部门组织的产品鉴定。

3.2.4 钢筋焊接网

钢筋焊接网是指具有相同或不同直径的纵向和横向钢筋分别以一定间距垂直排列，全部交叉点均用电阻点焊技术连接在一起的钢筋网片。钢筋焊接网适合工厂化生产、规模化生产，是效益高、符合环境保护要求、适应建筑工业化发展趋势的建材形式。

在预制混凝土构件中，尤其是墙板、楼板等板类构件中，推荐使用钢筋焊接网，以提高生产效率。在进行结构布置时，应合理确定预制构件的尺寸和规格，便于钢筋焊接网的使用。钢筋焊接网应符合相关现行行业标准的规定（图3.14）。

图3.14 钢筋焊接网

3.2.5　外墙保温拉结技术

外墙保温拉结件是用于连接预制保温墙体内、外层混凝土墙板,传递墙板剪力,使内外层墙板形成整体的连接器(图3.15)。拉结件宜选用纤维增强复合材料或不锈钢薄钢板加工制作。

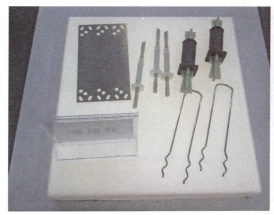

(a)拉结件展示　　　　　　　　　　　　　(b)拉结件应用示例

图3.15　外墙保温拉结件

夹心外墙板中内外叶墙板的拉结件应符合下列规定:

①金属及非金属材料拉结件均应具有规定的承载力、变形和耐久性能,并应经过试验验证;

②拉结件应满足夹心外墙板的节能设计要求;

③连接件宜采用矩形或梅花形布置,间距一般为400~600 mm,连接件与墙体洞口边缘距离一般为100~200 mm,当有可靠依据时也可按设计要求确定。

3.3　部品部件

3.3.1　水平构件

1)预制混凝土叠合梁

预制混凝土叠合梁是指预制混凝土梁顶部在现场后浇混凝土而形成的整体梁构件,简称叠合梁(图3.16)。

装配整体式框架结构中,当采用叠合梁时,框架梁的后浇混凝土叠合层厚度不宜小于150 mm,次梁的后浇混凝土叠合层厚度不宜小于120 mm;当采用凹口截面预制梁时,凹口深度不宜小于50 mm,凹口边厚度不宜小于60 mm(图3.17)。

叠合梁构件的箍筋分为整体式箍筋和分离式箍筋两种(图3.18)。整体式箍筋具有更好的约束和传力性能,分离式箍筋具有施工方便的特点。

图3.16 叠合梁

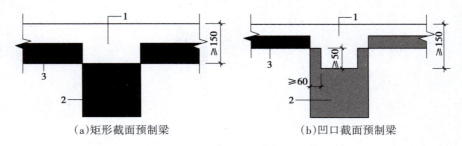

(a)矩形截面预制梁　　　　(b)凹口截面预制梁

图3.17 叠合框架梁截面示意

1—后浇混凝土叠合层;2—叠合梁;3—叠合板

抗震等级为一、二级的叠合框架梁的梁端箍筋加密区宜采用整体封闭箍筋。当叠合梁受扭时宜采用整体封闭箍筋,且整体封闭箍筋的搭接部分宜设置在预制部分[图3.18(a)]。

采用组合封闭箍筋的形式时,开口箍筋上方应做成135°弯钩。非抗震设计时,弯钩端头平直段不应小于$5d$(d为箍筋直径);抗震设计时,平直段长度不应小于$10d$。现场应采用箍筋帽封闭开口箍,箍筋帽宜两端做成135°弯钩,也可做成一端135°另一端90°弯钩,但135°弯钩和90°弯钩应沿纵向受力钢筋方向交错布置,框架梁弯钩平直段长度不应小于$10d$(d为箍筋直径),次梁135°弯钩平直段长度不应小于$5d$,90°弯钩平直段长度不应小于$10d$[图3.18(b)]。

2)预制混凝土叠合板

预制混凝土叠合板是指预制混凝土板顶部在现场后浇混凝土而形成的整体板构件,简称叠合板。其中,预先制作的混凝土板层,称为预制层;在现场后浇混凝土而形成的板层,称为叠合层,也称后浇层。

预制混凝土叠合板根据其平面传力方式不同,可分为单向预制混凝土叠合板和双向预制混凝土叠合板。其中,在平面上沿X轴、Y轴两个方向设置有效支座,板上荷载沿X轴、Y轴两个方向传递的叠合板,称为双向板;在平面上沿X轴、Y轴中的一个方向设置有效支座,板上荷载沿一个方向传递的叠合板,称为单向板。

叠合板的预制层厚度不宜小于60 mm,后浇混凝土叠合层厚度,规范规定不应小于60 mm,实际工程中常不小于70 mm。跨度大于3 m的叠合板,宜采用桁架钢筋混凝土叠合板;跨度大于6 m的叠合板,宜采用预应力混凝土预制板;板厚大于180 mm的叠合板,宜采用混凝土空心板。当叠合板的预制板采用空心板时,应封堵板端空腔。

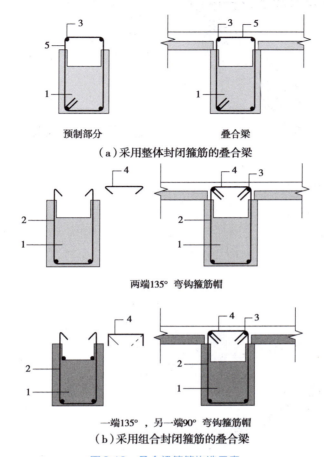

（a）采用整体封闭箍筋的叠合梁

两端135° 弯钩箍筋帽

一端135° ，另一端90° 弯钩箍筋帽
（b）采用组合封闭箍筋的叠合梁

图3.18　叠合梁箍筋构造示意
1—预制梁;2—开口箍筋;3—上部纵向钢筋;4—箍筋帽;5—封闭箍筋

　　桁架钢筋混凝土叠合板是指预留了桁架钢筋的叠合板,桁架钢筋的下部预埋到叠合板的预制层中,上部预留给叠合板的叠合层。桁架钢筋的主要作用是将后浇筑的混凝土层与预制底板联结成整体,并在制作和安装过程中为叠合板的预制层提供一定刚度（图3.19）。

　　桁架钢筋应沿主要受力方向布置。最外层桁架筋距板边不应大于300 mm,相邻两桁架筋间距不宜大于600 mm。桁架钢筋弦杆钢筋直径不宜小于8 mm,腹杆钢筋直径不应小于4 mm;桁架钢筋弦杆混凝土保护层厚度不应小于15 mm。

3）预制混凝土楼梯

　　预制混凝土楼梯是装配式混凝土建筑重要的预制构件,具有受力明确、外形美观等优点,避免了现场支模板,安装后可用作施工通道,节约施工工期。此外,预制混凝土楼梯可与主体结构实现"滑动式"连接,降低楼梯在地震中破坏失效的可能。通常预制混凝土楼梯构件会在踏步上预制防滑条,并在楼梯临空一侧预制栏杆扶手预埋件(图3.20)。

图3.19　桁架钢筋混凝土叠合板

图3.20　预制混凝土楼梯

4)预制混凝土阳台板

预制混凝土阳台板是集承重、围护、保温、防水、防火等功能为一体的装配式预制构件。预制混凝土阳台板通过施工现场局部后浇混凝土,与主体结构实现可靠连接,使之形成装配整体式建筑。预制阳台板常见的样式有叠合板式阳台板、全预制板式阳台板和全预制梁式阳台板三种(图3.21)。

(a)全预制梁式阳台板

(b)叠合板式阳台板

图3.21　预制混凝土阳台板

3.3.2　竖向构件

1)预制柱

这里提到的预制柱,是指预先制作而后在施工现场装配而成的钢筋混凝土框架柱(图3.22)。

矩形预制柱截面边长不宜小于400 mm,圆形预制柱截面直径不宜小于450 mm,且不宜小于同方向梁宽的1.5倍。

柱纵向受力钢筋直径不宜小于20 mm,纵向受力钢筋间距不宜大于200 mm且不应大于400 mm。柱纵向受力钢筋可集中于四角配置且宜对称布置。柱中可设置纵向辅助钢筋(辅助钢筋直径不宜小于12 mm且不宜小于箍筋直径)。当正截面承载力计算不计入纵向辅助钢筋时,纵向辅助钢筋可不伸入框架节点。

柱纵向受力钢筋在柱底连接时,柱箍筋加密区长度不应小于纵向受力钢筋连接区域长度与500 mm之和；当采用套筒灌浆连接或浆锚连接等方式时，套筒或搭接段上端第一道箍筋距离套筒或搭接段顶部不应大于50 mm（图3.23）。

图3.22 预制柱

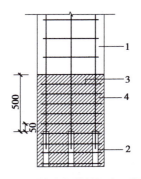

图3.23 预制柱底部箍筋加密区构造示意
1—预制柱；2—连接接头或钢筋连接区域；
3—加密区箍筋；4—箍筋加密区（阴影区域）

2）预制混凝土剪力墙内墙板

预制混凝土剪力墙内墙板是指在工厂预制成的混凝土剪力墙构件（图3.24）。预制混凝土剪力墙内墙板侧面在施工现场通过预留钢筋与剪力墙现浇区段连接，底部通过钢筋灌浆套筒和注浆层与下层预制剪力墙连接。

预制剪力墙宜采用一字形，也可采用L形、T形或U形。开洞预制剪力墙洞口宜居中布置，洞口两侧的墙肢宽度不应小于200 mm，洞口上方连梁高度不宜小于250 mm。

预制剪力墙的连梁不宜开洞。当需开洞时，洞口宜预埋套管。洞口上、下截面的有效高度不宜小于梁高的1/3，且不宜小于200 mm。被洞口削弱的连梁截面应进行承载力验算，洞口处应配置补强纵向钢筋和箍筋，补强纵向钢筋的直径不应小于12 mm。

图3.24 预制混凝土剪力墙内墙板

预制剪力墙开有边长小于800 mm的洞口且在结构整体计算中不考虑其影响时，应沿洞口周边配置补强钢筋。补强钢筋的直径不应小于12 mm，截面面积不应小于同方向被洞口截断的钢筋面积。该钢筋自孔洞边角算起伸入墙内的长度不应小于其抗震锚固长度（图3.25）。

当采用套筒灌浆连接时，自套筒底部至套筒顶部并向上延伸300 mm范围内，预制剪力墙的水平分布筋应加密。加密区水平分布筋直径不应小于8 mm。当构件抗震等级为一、二级时，加密区水平分布筋间距不应大于100 mm；当构件抗震等级为三、四级时，其间距不应大于150 mm。套筒上端第一道水平分布钢筋距离套筒顶部不应大于50 mm(图3.26)。

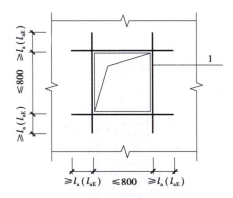

图3.25　预制剪力墙洞口补强钢筋配置示意
1—洞口补强钢筋

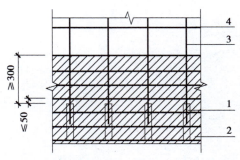

图3.26　剪力墙板钢筋套筒连接部位水平分布钢筋的加密构造示意
1—灌浆套筒;2—水平分布钢筋加密区域(阴影区域);3—竖向钢筋;4—水平分布钢筋

端部无边缘构件的预制剪力墙,宜在端部配置2根直径不小于12 mm的竖向构造钢筋。沿该钢筋竖向应配置拉筋,拉筋直径不宜小于6 mm,间距不宜大于250 mm。

3)预制混凝土夹心外墙板

预制混凝土夹心外墙板又称"三明治板",由内叶板(也称结构层)、保温层、外叶板(也称保护层)通过连接件可靠连接而成(图3.27)。预制混凝土夹心外墙板在国内外均有广泛应用,具有结构、保温、装饰一体化的特点。预制混凝土夹心外墙板根据其在结构中的作用分为承重墙板和非承重墙板两类。当其作为承重墙板时,与其他结构构件共同承担垂直力和水平力;当其作为非承重墙板时,仅作为外围护墙体使用。

(a)实景图

(b)示意图

图3.27　预制混凝土夹心外墙板

预制混凝土夹心外墙板的内、外叶墙板不共同受力,外叶墙仅作为荷载,通过拉结件作用在内叶墙板上。外叶墙板作为中间层保温板的保护层,不考虑其承重作用,但要求其厚度不应小于50 mm。中间夹层的厚度不宜大于120 mm,用来放置保温材料,也可根据建筑物的使用功能和特点聚合诸如防火等其他功能的材料。当预制混凝土夹心外墙板作为承重墙板时，将内叶墙板按剪力墙构件进行设计，并执行预制混凝土剪力墙内墙板的构造要求。

4）双面叠合剪力墙板

双面叠合剪力墙板是内、外叶墙板预制并用桁架钢筋可靠连接，中间空腔在现场后浇混凝土而形成的剪力墙叠合构件（图3.28）。双面叠合墙板通过全自动流水线进行生产，自动化程度高，具有非常高的生产效率和加工精度，同时具有整体性好、防水性能优等特点。随着桁架钢筋技术的发展，自20世纪70年代起，双面叠合剪力墙结构体系在欧洲得到了广泛应用。自2005年起，双面叠合剪力墙体系慢慢引入中国市场，在十多年时间里，结合我国国情，各大高校、科研机构及企业针对双面叠合剪力墙结构体系进行了一系列试验研究，证实了双面叠合剪力墙具有与现浇剪力墙接近的抗震性能和耗能能力，可参考现浇结构计算方法进行结构计算。

图3.28 双面叠合剪力墙板

双面叠合剪力墙的墙肢厚度不宜小于200 mm，单叶预制墙板厚度不宜小于50 mm，空腔净距不宜小于100 mm。预制墙板内、外叶内表面应设置粗糙面，粗糙面凹凸深度不应小于4 mm。内、外叶预制墙板应通过钢筋桁架连接成整体。钢筋桁架宜竖向设置，单片预制叠合剪力墙墙肢不应小于2榀，钢筋桁架中心间距不宜大于400 mm且不宜大于竖向分布筋间距的2倍；钢筋桁架距叠合剪力墙预制墙板边的水平距离不宜大于150 mm。钢筋桁架的上弦钢筋直径不宜小于10 mm，下弦及腹杆钢筋直径不宜小于6 mm。钢筋桁架应与两层分布筋网片可靠连接。

双面叠合剪力墙空腔内宜浇筑自密实混凝土；当采用普通混凝土时，混凝土粗骨料的最大粒径不宜大于20 mm，并应采取保证后浇混凝土浇筑质量的措施。

5）PCF板和PB板

PCF板是预制混凝土外叶层加保温板的永久模板。其做法是将"三明治"外墙板的外叶层和中间保温夹层在工厂预制，然后运至施工现场吊装到位，再在内叶层一侧绑扎钢筋、支好模板、浇筑内叶层混凝土,从而形成完整的外墙体系(图3.29)。PCF板主要用于装配式混凝土剪力墙的阳角现浇部位。PCF板的应用,有效替代了剪力墙转角处现浇区外侧模板的支模工作,还可以减少施工现场在高处作业状态下的外墙外饰面施工。

图3.29　PCF板

由PCF板衍生出的PB板(图3.30)是用于相邻预制外墙板"一"字形连接的外叶层加保温层的永久模板。PB板的作用与PCF板相似。

图3.30　PB板

3.3.3　常用部品

装配式建筑部品是指由工厂生产,构成外围护系统、设备与管线系统、内装系统的建筑单一产品或复合产品组装而成的功能单元的统称。装配式建筑部件是指在工厂或现场预先生产制作完成、构成建筑结构系统的结构构件及其他构件的统称。这里提到的外围护系统是指由建筑外墙、屋面、外门窗及其他部品部件等组合而成,用于分隔建筑室内外环境的部品部件的整体。本节重点介绍几种常见的外围护系统部品部件。

1）蒸压加气轻质混凝土隔墙板

蒸压加气轻质混凝土隔墙板又称 ALC 板（Autoclaved Lightweight Concrete 板），是以水泥、石灰、硅砂等为主要原料，配以经防锈处理的钢筋网片，经过高温、高压、蒸汽养护而成的一种绿色环保的新型轻质建筑。蒸压加气轻质混凝土隔墙板的外观与空心楼板相似，但是两边留有公母隼槽，安装时只需将板材立起，公、母隼间涂上少量嵌缝砂浆后对拼装起来即可。蒸压加气轻质混凝土隔墙板具有轻质高强、保温隔热、耐火抗震、隔声防渗、抗冻耐久等优越性能，是国家大力推广的绿色新型建材，常在6～8度区被作为装配式建筑的内隔墙、外围护墙等（图3.31）。

图3.31　蒸压加气轻质混凝土隔墙板

蒸压加气轻质混凝土隔墙板的主要形式是配筋规格条板，板材墙体按照建筑结构构造特点可选用横板、竖板、拼装大板三种布置形式。建筑设计应尽量选用常用规格板材，节省造价。特殊规格的蒸压加气混凝土隔墙板可由企业定制生产或现场切锯组合。

蒸压加气轻质混凝土隔墙板制品用作建筑外墙时，应做饰面防护层。饰面防护层不仅可以起到美观的作用，还是保护加气混凝土制品耐久性的重要措施。良好的饰面是提高其抗冻、抗干湿循环和抗自然碳化的有效方法。但是蒸压加气轻质混凝土隔墙板的承重能力较差，不宜直接在其上安装石材或金属外饰面。

2）外挂墙板

外挂墙板是指安装在主体结构上，起围护和装饰作用的非承重预制混凝土外墙板。外挂墙板是建筑物的外围护结构，其本身不分担主体结构承受的荷载和地震作用。作为建筑物的外围护结构，绝大多数外挂墙板均附着于主体结构，必须具备适应主体结构变形的能力。外挂墙板与主体结构的连接采用柔性连接的方式，按连接形式可分为点连接和线连接两种。图3.32中，左图所示为外挂墙板与主体结构点连接；右图所示为外挂墙板与主体结构线连接，连接时将突出平面外的抗剪钢筋置于主体结构叠合梁的叠合层内或外墙板后浇层内，与主体结构后浇为整体。

(a)点连接　　　　　　　　　　(b)线连接

图 3.32　外挂墙板

外挂墙板的高度不宜大于一个层高,厚度不宜小于 100 mm。外挂墙板宜采用双层、双向配筋,竖向和水平向钢筋的配筋率均不应小于0.15%,且钢筋直径不宜小于 5 mm,间距不宜大于 200 mm。外挂墙板应在门窗洞口周边、角部配置加强钢筋。加强筋不应少于2根,直径不应小于 12 mm,且应满足锚固长度的要求。外挂墙板的接缝构造应满足防水、防火、隔声等建筑功能要求,且接缝宽度应满足主体结构的层间位移、密封材料的变形能力、施工误差、温度引起变形等要求,且不应小于 15 mm。

3)建筑幕墙

建筑幕墙是指由玻璃面板、金属板或石材板和其支承结构组成的不承重的建筑物外围护结构。幕墙具有美观大气、性能安全、施工迅速、环保节能等优点,近些年来在公共建筑中得到了广泛应用。装配式建筑应根据建筑物的使用要求、建筑造型,合理选择幕墙形式,宜采用工厂化组装生产的单元式幕墙系统(图3.33)。

图 3.33　建筑幕墙

4)屋面

装配式建筑的屋面应根据现行国家标准规定的屋面防水等级进行防水设防,并应具有良好的排水功能,宜设置有组织排水系统。

装配式建筑应根据所在地区气候特点及日照分析结果,充分利用太阳能。太阳能系统应与屋面进行一体化设计,电气性能应满足国家现行标准的相关规定。设置在屋面上的太阳能系统管路和管线应遵循安全美观、规则有序、便于安装和维护的原则,与建筑其他管线统筹设计,做到太阳能系统与建筑一体化(图3.34)。

图3.34　建筑屋面安装太阳能板

3.4　预制构件连接

装配式混凝土建筑构件类型多样,构件连接的形式和方法也多种多样。受本书篇幅限制,本章节仅选取叠合板和内墙板为代表,介绍这两种预制构件与相邻构件连接的常见形式和构造。

3.4.1　叠合板连接

1)预制构件端部在支座处的放置做法

叠合板、叠合梁等预制水平构件端部与支座连接放置的方式,分为贴边式放置(也称搁置)和伸入式放置两种。当图3.35所示中 $a = b = 0$ 即为贴边式放置;当图3.35所示中 $b > 0$ 即为伸入式放置。贴边式放置对于安装施工的作业质量要求极高,稍有误差就可能出现漏浆或构件间无黏结的情况,因此建议谨慎采用。当采用伸入式放置时,水平伸入长度 b 不宜大于20 mm,且应考虑避让支座构件钢筋,构件间竖直方向间距 a 不宜大于15 mm,后浇混凝

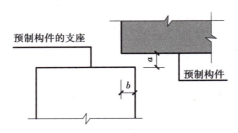

图3.35　预制构件端部在支座处放置示意

土前需支设侧模板防止水平接缝处漏浆。

当板或次梁搁置在支座构件上时,搁置长度应由设计确定。

2)叠合板节点基本构造规定

(1)叠合板板底纵向钢筋排布

叠合板内最外侧板底纵筋距离板边不应大于50 mm,后浇接缝内底部纵筋起始位置距离板边不大于板筋间距的一半(图3.36)。

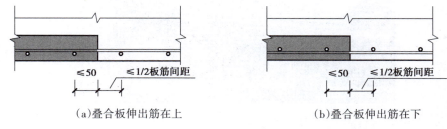

(a)叠合板伸出筋在上　　　　　　(b)叠合板伸出筋在下

图3.36　叠合板板底纵向钢筋排布

(2)预制板与后浇混凝土的结合面

当预制板间采用后浇段连接时,预制板板顶及板侧均需设粗糙面(图3.37)。当预制板间采用密拼接缝连接时,仅预制板板顶设粗糙面(图3.38)。当结合面设粗糙面时,粗糙面的面积不宜小于结合面的80%。

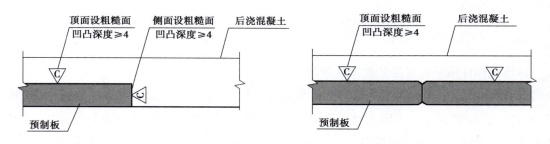

图3.37　预制板间采用后浇段连接的结合面做法　　　图3.38　预制板间密拼接缝连接的结合面做法

3)双向叠合板整体式接缝连接构造

双向叠合板整体式接缝连接构造是指两相邻双向叠合板之间通过后浇段连接或密拼连接的接缝处理形式。国家建筑标准设计图集《装配式混凝土连接节点构造》(15G 310—1)中给出了四种通过后浇带连接形式的接缝做法和一种密拼连接的接缝做法。

后浇段形式的双向叠合板整体式接缝是指两相邻叠合板之间留设一定宽度的后浇段,通过浇筑后浇段混凝土使相邻两叠合板连成整体的连接构造形式。双向叠合板的后浇段接缝宜设置在受力较小部位,后浇段接缝宽度可根据设计需要调整,但一般不小于200 mm。采用后浇段连接技术需叠合板构件侧边预留外伸纵筋,并需妥善处理预留外伸纵筋在后浇段内的搭接问题。

（1）板底纵筋直线搭接形式

板底纵筋直线搭接是叠合板间通过后浇段连接的第一种接缝形式（图3.39）。这种接缝形式的具体做法如下：

①两侧板底均预留外伸直线纵筋，以交错搭接形式进行连接；

②板底外伸纵筋搭接长度不小于纵向受拉钢筋搭接长度l_l（由板底外伸纵筋直径确定），且外伸纵筋末端距离另一侧板边不小于10 mm；

③后浇段接缝处设置顺缝板底纵筋，位于外伸板底纵筋以下，和外伸板底纵筋一起构成接缝网片，顺缝板底纵筋具体钢筋规格由设计确定；

④板面钢筋网片跨接缝贯通布置，一般顺缝方向板面纵筋在上，垂直接缝方向板面纵筋在下。

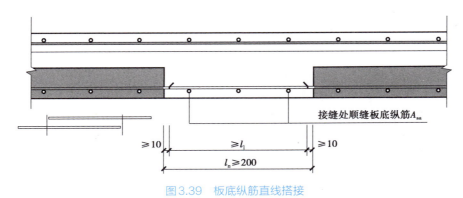

图3.39　板底纵筋直线搭接

（2）板底纵筋末端带135°弯钩连接形式

板底纵筋末端带135°弯钩连接是叠合板间通过后浇带连接的第二种接缝形式（图3.40）。这种接缝形式的具体做法如下：

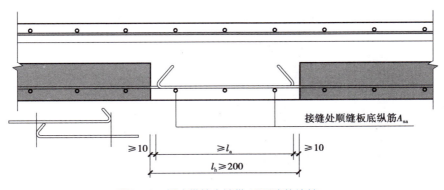

图3.40　板底纵筋末端带135°弯钩连接

①两侧板底均预留末端带135°弯钩的外伸纵筋，以交错搭接形式进行连接；

②预留弯钩外伸纵筋搭接长度不小于受拉钢筋锚固长度l_a（由板底外伸纵筋直径确

定),且外伸纵筋末端距离另一侧板边不小于10 mm;

③顺缝板底纵筋及板面钢筋网片的设置与"(1)板底纵筋直线搭接形式"构造形式相同。

(3)板底纵筋末端带90°弯钩搭接形式

板底纵筋末端带90°弯钩搭接形式是叠合板间通过后浇带连接的第三种接缝形式(图3.41)。这种做法与板底纵筋末端带135°弯钩连接形式要求相同,只是板底预留的外伸纵筋末端为90°弯钩。

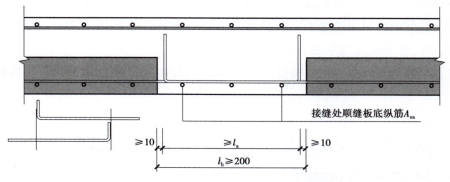

图3.41 板底纵筋末端带90°弯钩搭接

(4)板底纵筋弯折锚固形式

板底纵筋弯折锚固连接形式是叠合板间通过后浇带连接的第四种接缝形式(图3.42)。这种接缝形式的具体做法如下:

①两侧板底预留外伸纵筋30°弯起,弯折后与板面纵筋搭接;

②预留外伸纵筋弯折折角处需附加2根顺缝方向通长构造钢筋,其直径不小于6 mm,且不小于该方向预制板内钢筋直径;

③板底预留外伸纵筋自弯折折角处起长度不小于受拉钢筋锚固长度l_a(由板底外伸纵筋直径确定);

④顺缝板底纵筋及板面钢筋网片的设置与"(1)板底纵筋直线搭接形式"构造形式相同。

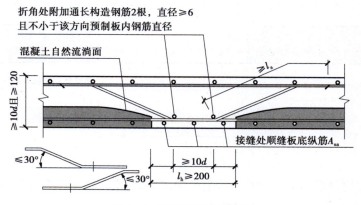

图3.42 板底纵筋弯折锚固

（5）密拼接缝

密拼接缝连接是相邻两桁架叠合板紧贴放置,不留空隙的接缝连接形式,适用于桁架钢筋叠合板垂直桁架方向板筋无外伸,且叠合板现浇层混凝土厚度不小于80 mm的情况(图3.43)。这种接缝形式的具体做法如下:

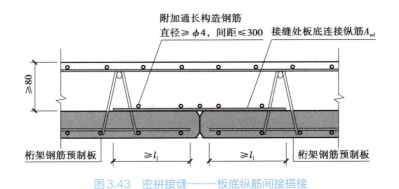

图3.43   密拼接缝——板底纵筋间接搭接

①密拼接缝处需紧贴叠合板的预制混凝土面设置垂直于接缝方向的板底连接纵筋和平行于接缝方向的附加通长构造钢筋。板底连接纵筋在下,附加通长构造钢筋在上,形成密拼接缝网片。

②板底连接纵筋与两预制板同方向钢筋搭接长度均不小于纵向受拉钢筋搭接长度l_l,钢筋级别、直径和间距需设计确定。附加通长构造钢筋需满足直径不小于4 mm,间距不大于300 mm的要求。

③板面钢筋网片跨接缝贯通布置,与"(1)板底纵筋直线搭接形式"构造形式相同。

4）单向叠合板板侧连接构造

单向叠合板由于板侧方向无需传递荷载,因此板侧接缝可不做后浇连接处理,仅采用密拼接缝的形式连接即可。

部分工程项目为了保证相邻单向叠合板间的协同变形,避免单向叠合板沿密拼接缝位置出现开裂、错缝等质量问题(图3.44),不采用密拼接缝做法,而采用后浇小接缝的构造做法。

图3.44   叠合板密拼接缝处错缝

（1）密拼接缝

单向板间板侧密拼接缝的构造如图3.45所示。这种连接构造的具体做法是：

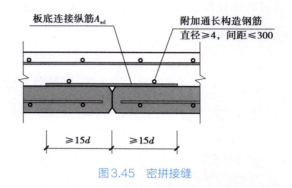

图3.45　密拼接缝

①单向叠合板板侧密拼接缝构造是指相邻两单向叠合板紧贴放置，不留空隙的接缝连接形式。

②单向叠合板板侧密拼接缝处需紧贴叠合板预制混凝土面设置垂直于接缝方向的板底连接纵筋和平行于接缝方向的附加通长构造钢筋，板底连接纵筋在下，附加通长构造钢筋在上，形成密拼接缝网片。

③板底连接纵筋需满足与两预制板同方向钢筋搭接长度均不小于15d的要求，钢筋级别和直径需设计确定。附加通长构造钢筋需满足直径不小于4 mm，间距不大于300 mm的要求。

④密拼接缝的板面纵筋跨板缝贯通布置。

（2）后浇小接缝

单向板间板侧后浇小接缝的构造如图3.46所示。这种连接构造的具体做法是：

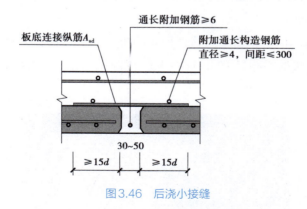

图3.46　后浇小接缝

①单向叠合板板侧后浇小接缝构造是指相邻两单向叠合板之间不紧贴放置，留30 mm至50 mm空隙的接缝连接形式；

②后浇小接缝内设置一根直径不小于6 mm的顺缝方向通长附加钢筋，且该通长附加钢筋要与叠合板底受力筋位于同一层面上；

③单向叠合板板侧后浇小接缝构造也需要紧贴预制混凝土面设置板底连接纵筋和附加通长构造钢筋,其构造要求与"(1)密拼接缝"构造相同。

④后浇小接缝构造的板面纵筋跨板缝贯通布置。

5)中间梁支座板端连接构造

中间梁支座板端连接构造做法主要有预制板留有外伸板底纵筋和预制板无外伸板底纵筋两种。预制板留有外伸板底纵筋的做法结构整体性好,但是由于板底纵筋的外伸,导致墙板节点区钢筋密集,构件安装难度增加;预制板无外伸板底纵筋安装施工方便,但整体性稍差。两种做法各有优劣,工程中可结合实际情况进行选用。

需要强调的是,当左、右叠合板间的支座是剪力墙时,连接做法可参照本做法;当左、右叠合板的板顶或板底标高不同时,可参照国家建筑标准设计图集《混凝土结构施工图平面整体表示方法制图规则和构造详图(现浇混凝土框架、剪力墙、梁、板)》(22G 101—1)中的做法进行设计。

(1)预制板留有外伸板底纵筋

预制板留有外伸板底纵筋的连接构造做法如图3.47所示。这种连接构造的具体做法是:

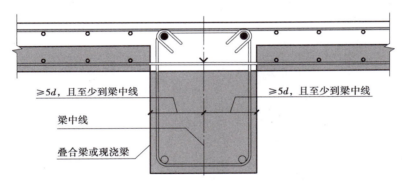

图3.47　预制板留有外伸板底纵筋

①留有外伸板底纵筋的叠合板与中间梁支座贴边放置。

②叠合板预留外伸板底纵筋伸至梁内不小于5d,且至少到梁中线。

③板面纵筋跨支座贯通布置。

(2)预制板无外伸板底纵筋

预制板无外伸板底纵筋的连接构造做法如图3.48所示,这种做法适用于叠合板底板为桁架钢筋预制板,且叠合板现浇层混凝土厚度不小于80 mm的情况。这种连接构造的具体做法是:

①无外伸板底纵筋的桁架钢筋叠合板与中间梁支座贴边放置,叠合板预制混凝土面处设置垂直于接缝方向的板底连接纵筋和平行于接缝方向的附加通长构造钢筋。板底连接纵筋在下,附加通长构造钢筋在上。

②板底连接纵筋跨支座贯通布置,与叠合板内同向板底纵筋的搭接长度需不小于纵向受拉钢筋连接长度l_1。附加通长构造钢筋仅布置在叠合板现浇区范围内,需满足直径不小于4 mm,间距不大于300 mm。

③板面纵筋跨支座贯通布置。

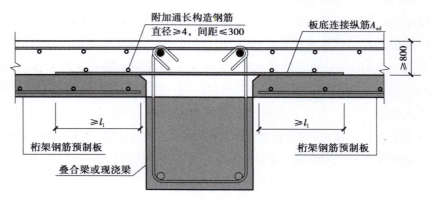

图3.48 预制板无外伸板底纵筋

6)边梁支座板端连接构造

边梁支座板端连接构造可分为预制板留有外伸板底纵筋的边梁支座板端连接构造和预制板无外伸板底纵筋的边梁支座板端连接构造两种构造形式。当板端支座是剪力墙时,可参照本做法。

(1)预制板留有外伸板底纵筋

预制板留有外伸板底纵筋的连接构造如图3.49所示。这种连接构造的具体做法如下:

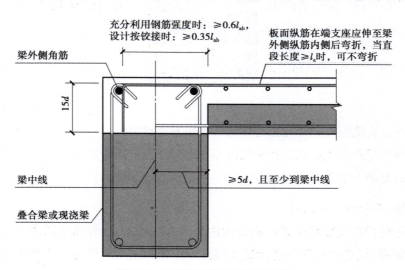

图3.49 预制板留有外伸板底纵筋

①留有外伸板底纵筋的叠合板与边梁支座贴边放置,叠合板预留外伸板底纵筋伸至梁内不小于$5d$,且至少到梁中线。板面纵筋在端支座处应伸至梁外侧纵筋(角筋)内侧后弯折,弯折长度为$15d$。

②当设计充分利用钢筋强度时,板面纵筋伸至端支座内直段长度不小于0.6倍的受拉钢筋基本锚固长度l_{ab}。当设计按铰接处理时,板面纵筋伸至端支座内直段长度不小于0.35倍的受拉钢筋基本锚固长度l_{ab}。当板面纵筋伸至端支座内直段长度不小于受拉钢筋锚固长度时l_a,可不弯折。

（2）预制板无外伸板底纵筋

预制板无外伸板底纵筋的连接构造如图3.50所示。这种连接构造的具体做法如下：

①预制板无外伸板底纵筋的边梁支座板端连接构造适用于叠合板底板为桁架钢筋预制板,且叠合板现浇层混凝土厚度不小于80 mm的情况。

②无外伸板底纵筋的桁架钢筋叠合板与边梁支座贴边放置,叠合板预制混凝土面处设置垂直于接缝方向的板底连接纵筋和平行于接缝方向的附加通长构造钢筋。板底连接纵筋在下,附加通长构造钢筋在上。

③板底连接纵筋需伸至支座梁内不小于15d,且至少到支座梁中线。板底连接纵筋与叠合板内同向板底筋的搭接长度需不小于纵向受拉钢筋连接长度l_1。附加通长构造钢筋仅布置在叠合板现浇区范围内,直径不小于4 mm,间距不大于300 mm。

④板面纵筋的设置要求与"（1）预制板留有外伸板底纵筋"构造形式相同。

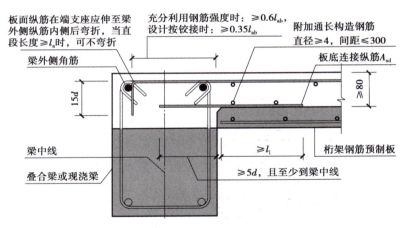

图3.50　预制板无外伸板底纵筋

7）悬挑叠合板连接构造

悬挑叠合板根据悬挑支座另一端是否有水平构件与之形成连续板段,可分成叠合纯悬挑板和叠合连续悬挑板。由于叠合纯悬挑板的结构约束程度和结构安全储备度偏低,因此工程上不建议使用。

（1）叠合纯悬挑板连接构造

叠合纯悬挑板与支座（梁或剪力墙）的连接构造如图3.51所示。这种连接构造的具体做法如下：

①叠合纯悬挑板外伸板底纵筋伸至支座梁或墙内不小于15d,且至少到支座梁或墙中线;

②叠合纯悬挑板板面纵筋伸至圈梁角筋内侧后弯折,弯折长度为15d,同时还需保证板面纵筋伸入支座内直段长度不小于0.6倍的受拉钢筋基本锚固长度l_{ab}。

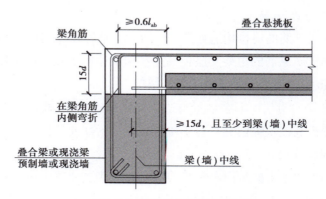

图3.51 叠合纯悬挑板连接构造

（2）叠合连续悬挑板连接构造

叠合连续悬挑板与支座(梁或剪力墙)的连接构造如图3.52所示。这种连接构造的具体做法如下：

①叠合悬挑板外伸板底纵筋伸至支座梁或墙内不小于15d,且至少到支座梁或墙中线;

②叠合悬挑板板面纵筋伸跨支座与支座内侧叠合板板面纵筋贯通布置。

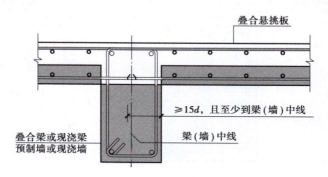

图3.52 叠合连续悬挑板连接构造

3.4.2 内墙板连接

装配整体式钢筋混凝土结构中,预制内墙板需要通过后浇连接节点构造实现构件间装配。预制墙的接缝连接,分为上下相邻预制墙板水平接缝连接、左右相邻预制墙板竖向接缝连接。

1)预制墙板水平接缝连接构造

预制墙板水平接缝是指上下层相邻预制墙板间的连接接缝。预制墙板水平接缝通常设置在层高位置。预制墙板水平接缝处如有结构梁、板,则后浇接缝需将上下预制墙板、左右梁板一并连接成整体。

上下相邻剪力墙板间采用套筒灌浆连接技术连接时,应在两板间预留20 mm厚空腔,灌浆时用灌浆料填实。采用套筒灌浆技术连接的预制墙水平接缝构造如图3.53所示。

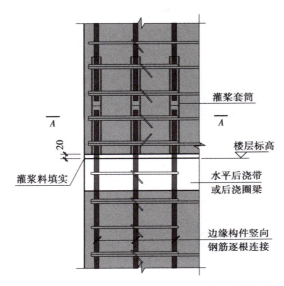

图3.53　采用灌浆套筒连接的预制墙水平接缝构造

预制剪力墙板中,位于边缘构件区域内的竖向受力钢筋应逐根进行套筒灌浆连接;位于普通墙身区域的竖向受力钢筋可逐根进行套筒灌浆连接,也可以梅花形间隔连接(图3.54)。

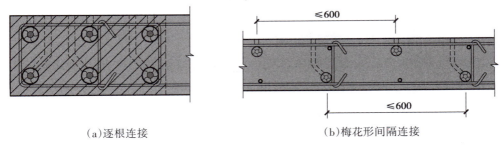

（a）逐根连接　　　　　　　　　　（b）梅花形间隔连接

图3.54　预制剪力墙板钢筋连接示意图

2)预制墙板竖向接缝构造

预制墙板竖向接缝是指左右相邻预制墙板间的连接接缝。预制墙板竖向接缝做法有如下9种。

（1）无附加连接钢筋,预留直线钢筋搭接

无附加连接钢筋,预留直线钢筋搭接的预制墙间竖向接缝构造如图3.55所示。这种连接构造的具体做法如下:

①两预制墙均预留水平向外伸直线钢筋,上下错位搭接。

②搭接长度不小于1.2倍的抗震锚固长度 l_{aE}。水平向外伸钢筋端部距离对向预制墙体间距不小于10 mm。

③当预制墙预留的水平向外伸钢筋位置允许时,可采用外伸钢筋水平错位或水平弯折错位的形式进行搭接。

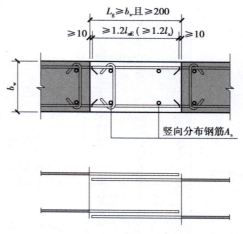

图3.55　无附加连接钢筋,预留直线钢筋搭接

(2)无附加连接钢筋,预留弯钩钢筋连接

无附加连接钢筋,预留弯钩钢筋连接的预制墙间竖向接缝构造如图3.56所示。这种连接构造的具体做法如下:

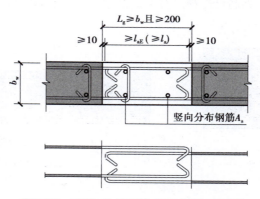

图3.56　无附加连接钢筋,预留弯钩钢筋连接

①两预制墙均预留直线外伸钢筋,末端做135°或90°弯钩。

②两预制墙水平向外伸钢筋上下错位直线搭接,搭接长度不小于抗震锚固长度 l_{aE}。

③水平向外伸钢筋端部距离对向预制墙体间距不小于10 mm。

④后浇带内竖向分布筋和拉筋的设置与预留直线钢筋搭接的预制墙间竖向接缝构造相同。

（3）无附加连接钢筋，预留U形钢筋连接

无附加连接钢筋，预留U形钢筋连接的预制墙间竖向接缝构造如图3.57所示。这种连接构造的具体做法如下：

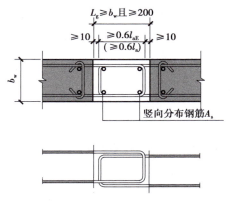

图3.57　无附加连接钢筋，预留U形钢筋连接

①两预制墙均预留U形外伸连接钢筋，上下错位搭接，搭接长度不小于0.6倍的抗震锚固长度l_{aE}。U形连接钢筋端部距离对向预制墙体间距不小于10 mm。

②后浇段内竖向分布钢筋设置在两预制墙外伸U形连接钢筋搭接形成的矩形角部内侧，不少于4根，钢筋直径不应小于墙体竖向分布钢筋直径且不应小于8 mm。

③后浇带内不设置拉筋。竖向分布钢筋连接构造宜采用Ⅰ级接头机械连接。

（4）无附加连接钢筋，预留半圆形钢筋连接

无附加连接钢筋，预留半圆形钢筋连接的预制墙间竖向接缝构造如图3.58所示。这种连接构造的具体做法如下：

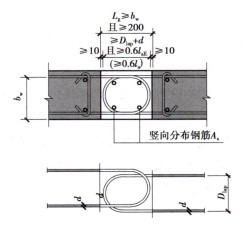

图3.58　无附加连接钢筋，预留半圆形钢筋连接

①两预制墙均预留半圆形外伸连接钢筋，上下错位搭接，搭接长度不小于0.6倍的抗震锚固长度l_{aE}，且不小于半圆形钢筋中心弯弧直径与半圆形钢筋直径之和。半圆形连接钢筋端部距离对向预制墙体间距不小于10 mm。

②后浇带内设置不少于4根竖向分布钢筋,钢筋直径不应小于墙体竖向分布钢筋直径且不应小于8 mm。后浇段内竖向分布钢筋设置在预制墙外伸半圆形连接钢筋内侧。

③后浇带内不设置拉筋。竖向分布钢筋连接构造宜采用Ⅰ级接头机械连接。

(5)附加封闭连接钢筋与预留U形钢筋连接

附加封闭连接钢筋与预留U形钢筋连接的预制墙间竖向接缝构造如图3.59所示。这种连接构造的具体做法如下:

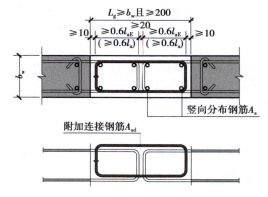

图3.59　附加封闭连接钢筋与预留U形钢筋连接

①两预制墙均预留U形外伸钢筋,预留筋不直接接触,通过附加封闭连接钢筋分别与两预制墙的预留U形钢筋进行连接。

②两预制墙预留U形外伸钢筋端部间距不小于20 mm。附加封闭连接钢筋采用焊接封闭箍筋形式,设置在预留U形钢筋上部,与两侧预留U形钢筋均形成搭接,搭接长度不小于0.6倍的抗震锚固长度l_{aE},端部距预制墙体不小于10 mm。

③后浇带内竖向分布钢筋设置在附加封闭连接钢筋与预制墙外伸U形连接钢筋形成的矩形角部内侧。竖向分布钢筋连接构造宜采用Ⅰ级接头机械连接。后浇带内不设置拉筋。

(6)附加封闭连接钢筋与预留弯钩钢筋连接

附加封闭连接钢筋与预留弯钩钢筋连接的预制墙间竖向接缝构造如图3.60所示。这种连接构造的具体做法如下:

①两预制墙预留外伸135°或90°弯钩钢筋,两预制墙预留外伸弯钩钢筋端部间距不小于20 mm。附加封闭连接钢筋采用焊接封闭箍筋形式,设置在预留弯钩钢筋上部,与两墙预留弯钩钢筋均形成搭接,搭接长度不小于0.8倍的抗震锚固长度l_{aE},端部距离预制墙体不小于10 mm。

②后浇带内竖向分布钢筋设置在附加封闭连接钢筋矩形角部内侧以及附加封闭连接钢筋长边上。竖向分布钢筋连接构造宜采用Ⅰ级接头机械连接。竖向分布钢筋与附加封闭连接钢筋长边交点处需设置拉结筋,拉结筋竖向间距为墙体水平向分布纵筋间距的2倍,水平交错布置。

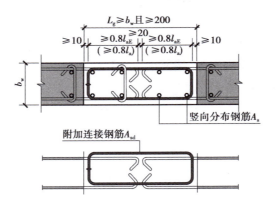

图3.60　附加封闭连接钢筋与预留弯钩钢筋连接

（7）附加弯钩连接钢筋与预留U形钢筋连接

附加弯钩连接钢筋与预留U形钢筋连接的预制墙间竖向接缝构造如图3.61所示。这种连接构造的具体做法如下：

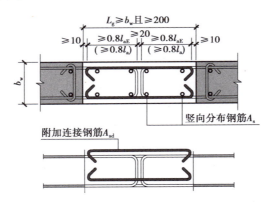

图3.61　附加弯钩连接钢筋与预留U形钢筋连接

①两预制墙均预留U形外伸钢筋，预留筋不直接接触，通过附加弯钩连接钢筋分别与两预制墙的预留U形钢筋进行连接。

②两预制墙预留U形外伸钢筋端部间距不小于20 mm。附加弯钩连接钢筋设置在预留U形钢筋上部（对应墙体两侧钢筋网片位置处各设置一根），与两侧预留U形钢筋均形成搭接，搭接长度不小于0.8倍的抗震锚固长度l_{aE}，端部距离预制墙体不小于10 mm。

③后浇带内竖向分布钢筋设置在预留U形外伸钢筋与附加弯钩连接钢筋搭接形成的近似矩形角部内侧。后浇带内不设置拉筋。

（8）附加弯钩连接钢筋与预留弯钩钢筋连接

附加弯钩连接钢筋与预留弯钩钢筋连接的预制墙间竖向接缝构造如图3.62所示。这种连接构造的具体做法如下：

①两预制墙均预留135°弯钩外伸钢筋，通过附加弯钩连接钢筋分别与两预制墙的预留弯钩钢筋进行连接。

②两预制墙预留弯钩外伸钢筋端部间距不小于20 mm。附加弯钩连接钢筋设置在预留弯钩钢筋上部(对应墙体两侧钢筋网片位置处各设置一根),与两侧预留弯钩钢筋均形成搭接,搭接长度不小于抗震锚固长度 l_{aE},端部距离预制墙体不小于10 mm。

③后浇带内竖向分布钢筋沿附加弯钩连接钢筋长边排布,设置在附加弯钩连接钢筋内侧。竖向分布钢筋与附加弯钩连接钢筋交点处需设置拉结筋,拉结筋竖向间距为墙体水平向分布纵筋间距的两倍,水平交错布置。

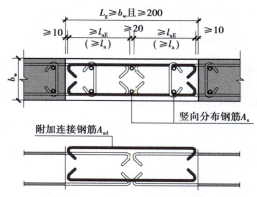

图3.62　附加弯钩连接钢筋与预留弯钩钢筋连接

(9)附加长圆环连接钢筋与预留半圆形钢筋连接

附加长圆环连接钢筋与预留半圆形钢筋连接的预制墙间竖向接缝构造如图3.63所示。这种连接构造的具体做法如下:

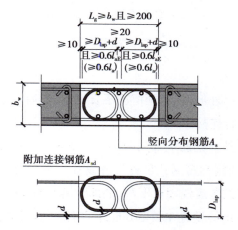

图3.63　附加长圆环连接钢筋与预留半圆形钢筋连接

①两预制墙均预留半圆形外伸钢筋,通过附加长圆环连接钢筋分别与两预制墙的预留半圆形钢筋进行连接。

②两预制墙预留半圆形外伸钢筋端部间距不小于20 mm。附加长圆环连接钢筋设置在预留半圆形钢筋上部,与两侧预留半圆形钢筋均形成搭接,搭接长度不小于0.6倍的抗震锚固长度 l_{aE},且不小于半圆形钢筋中心弯弧直径与半圆形钢筋直径之和。附加长圆环连接钢

筋端部距离预制墙体不小于10 mm。

③后浇带内竖向分布钢筋沿附加长圆环连接钢筋长边排布,设置在附加长圆环连接钢筋内侧。竖向分布钢筋连接构造宜采用Ⅰ级接头机械连接。后浇带内不设置拉筋。

3)预制墙与现浇墙间竖向接缝构造

(1)现浇墙直线连接钢筋与预留直线钢筋搭接

现浇墙直线连接钢筋与预留直线钢筋搭接的预制墙与现浇墙间竖向接缝构造如图3.64所示。这种连接构造的具体做法如下:

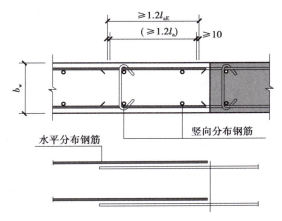

图3.64　现浇墙直线连接钢筋与预留直线钢筋搭接

①预制墙预留外伸钢筋与现浇墙钢筋均为直线钢筋,搭接连接。搭接长度不小于1.2倍的抗震锚固长度 l_{aE} ,现浇墙钢筋端部距离预制墙体不小于10 mm。

②搭接区内按照现浇墙网片要求布置竖向分布钢筋和拉结筋。

(2)现浇墙U形连接钢筋与预留U形钢筋连接

现浇墙U形连接钢筋与预留U形钢筋连接的预制墙与现浇墙间竖向接缝构造如图3.65所示。这种连接构造的具体做法如下:

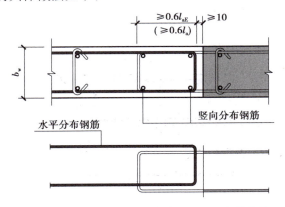

图3.65　现浇墙U形连接钢筋与预留U形钢筋连接

①预制墙预留外伸钢筋与现浇墙钢筋均为U形钢筋,搭接连接,搭接长度不小于0.6倍

的抗震锚固长度l_{aE}。现浇墙U形钢筋端部距离预制墙体不小于10 mm。

②U形钢筋搭接形成的矩形角部内设置竖向分布钢筋,不设置拉结筋。竖向分布钢筋连接构造宜采用Ⅰ级接头机械连接。

(3)现浇墙U形连接钢筋与预留弯钩钢筋连接

现浇墙U形连接钢筋与预留弯钩钢筋连接的预制墙与现浇墙间竖向接缝构造如图3.66所示。这种连接构造的具体做法如下:

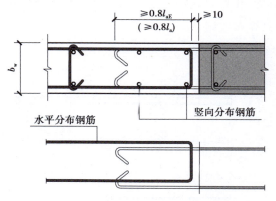

图3.66　现浇墙U形连接钢筋与预留弯钩钢筋连接

①现浇墙钢筋为U形钢筋,预制墙预留外伸钢筋为135°或90°弯钩钢筋,搭接连接,搭接长度不小于0.8倍的抗震锚固长度l_{aE}。现浇墙U形钢筋端部距离预制墙体不小于10 mm。

②现浇墙U形连接钢筋与预制墙预留弯钩钢筋搭接形成的近似矩形角部内设置竖向分布钢筋,竖向分布钢筋连接构造宜采用Ⅰ级接头机械连接。

③现浇墙U形连接钢筋端部的竖向分布钢筋不设置拉结筋,预制墙预留弯钩钢筋端部的竖向分布钢筋需按墙体要求设置拉结筋。

(4)现浇墙弯钩连接钢筋与预留U形钢筋连接

现浇墙弯钩连接钢筋与预留U形钢筋连接的预制墙与现浇墙间竖向接缝构造如图3.67所示。这种连接构造的具体做法如下:

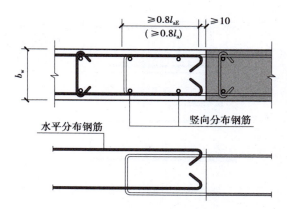

图3.67　现浇墙弯钩连接钢筋与预留U形钢筋连接

①现浇墙钢筋为135°或90°弯钩钢筋,预制墙预留外伸钢筋为U形钢筋,搭接连接,搭接长度不小于0.8倍的抗震锚固长度l_{aE}。现浇墙弯钩钢筋端部距离预制墙体不小于10 mm。

②现浇墙弯钩连接钢筋与预制墙预留U形钢筋搭接形成的近似矩形角部内设置竖向分布钢筋,不设置拉结筋。

（5）现浇墙弯钩连接钢筋与预留弯钩钢筋连接

现浇墙弯钩连接钢筋与预留弯钩钢筋连接的预制墙与现浇墙间竖向接缝构造如图3.68所示。这种连接构造的具体做法如下:

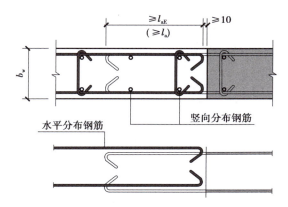

图3.68　现浇墙弯钩连接钢筋与预留弯钩钢筋连接

①现浇墙钢筋和预制墙预留外伸钢筋均为135°或90°弯钩钢筋,搭接连接,搭接长度不小于抗震锚固长度l_{aE}。现浇墙弯钩钢筋连接端部距离预制墙体不小于10 mm。

②搭接区内按照现浇墙墙体网片要求布置竖向分布钢筋和拉结筋。

（6）现浇墙半圆形连接钢筋与预留半圆形钢筋连接

现浇墙半圆形连接钢筋与预留半圆形钢筋连接的预制墙与现浇墙间竖向接缝构造如图3.69所示。这种连接构造的具体做法如下:

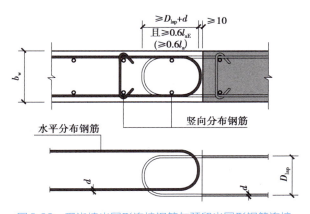

图3.69　现浇墙半圆形连接钢筋与预留半圆形钢筋连接

①现浇墙钢筋和预制墙预留外伸钢筋均为半圆形钢筋,搭接连接,搭接长度不小于0.6

倍的抗震锚固长度 l_{aE}，且不小于半圆形钢筋中心弯弧直径与半圆形钢筋直径之和。现浇墙半圆形连接钢筋端部距离预制墙体不小于 10 mm。

②搭接区内按照现浇墙网片要求布置竖向分布钢筋，竖向分布钢筋连接构造宜采用 I 级接头机械连接。搭接区内不设置拉结筋。

课后习题

一、单选题

1.预制混凝土夹心保温外墙板构件不包括(　　　)。

A.外叶墙　　　　　　　B.保温层　　　　　　　C.内叶墙　　　　　　　D.内墙装饰

2.预制叠合楼板底板最小厚度不宜小于(　　　)mm。

A.50　　　　　　　　　B.60　　　　　　　　　C.70　　　　　　　　　D.80

二、多选题

1.下列构件中，不属于图集常见预制构件的是(　　　)。

A.预制长椅　　　　　　B.预制外墙板　　　　　C.预制内墙板　　　　　D.预制条桌

2.灌浆套筒可分成(　　　)。

A.整体式全灌浆套筒　　　　　　　　　　　B.分体式全灌浆套筒

C.整体式半灌浆套筒　　　　　　　　　　　D.分体式半灌浆套筒

三、判断题

1.套筒灌浆料根据适用工作环境不同，可分为低温型套筒灌浆料、常温型套筒灌浆料和高温型套筒灌浆料。　　　　　　　　　　　　　　　　　　　　　　　　(　　　)

2.装配整体式混凝土框架结构中，当采用叠合梁时，框架梁的后浇混凝土叠合层厚度不宜小于120 mm，次梁的后浇混凝土叠合层厚度不宜小于100 mm。　　　　(　　　)

第4章 装配式混凝土构件制作

4.1 预制构件厂

装配式混凝土构件的制作,根据制作场所的不同,可分为工地现场制作和预制构件厂制作两种。在工地现场建设的预制构件制作场所、生产线和配套设施,也称游牧式预制构件厂(图4.1)。对于预制构件数量少、工艺简单、工地现场条件允许的项目,可采用在工地现场制作的方式。然而,对于装配式混凝土建筑,由于预制构件需求量大,构件种类多,制作工艺复杂,工地现场普遍不具备构件制作条件,因此多采用在预制构件厂制作的方式。本章主要介绍预制构件厂制作的方式。

4.1.1 建设方案策划

预制构件生产企业在进行预制构件厂建设方案策划时,应遵循合法、安全、经济、方便、合理等原则,并应充分考虑以下因素:

1)生产规模

生产规模就是构件生产企业每单位时间内可生产出符合国家规定质量标准的产品数

量。生产规模大的企业可以为更多的建设项目提供预制构件,更好地为建设行业和广大人民服务,同时也能为企业创造更多的效益。但是,建设生产规模大的预制构件厂需要投入较多的资金,并且如果生产规模超过了企业产品的市场占有量,就非常容易造成订单不饱满、生产线闲置的现象,造成企业资源和成本的浪费。因此,预制构件生产企业应结合自身情况和当地行业发展情况谨慎确定生产规模。

图4.1 游牧式预制构件厂

2)厂址选择

预制构件厂的厂址应保证符合国家法律、法规、规划等的要求,不非法侵占国家或他人土地,不占用基本农田。

在确定预制构件厂厂址时,应充分考虑与主要供货市场之间的运输距离,还应考虑预制构件厂与主要生产原料供应企业之间的距离,便于企业购进原材料。运输距离的增加往往会造成运输成本的增加,对生产企业不利。另外,由于预制构件生产容易对环境产生污染,建议将预制构件厂的厂址选在郊区或远离人们生活聚居区的地点。

4.1.2 厂区建设

1)建设原则

预制构件厂的厂区建设,应遵循以下原则:

①厂区建设必须执行国家的方针政策,按设计任务书进行。

②厂区建设必须以所在城市的总体规划、区域规划为依据,符合总体布局规划要求,如场地出入口位置、建筑体形、层数、高度、公建布置、绿化、环境等都应满足规划要求,与周围环境协调统一。同时,建设项目内的道路、管网应与市政道路与管网合理衔接,以满足生产、方便生活。

③厂区建设应结合地形、地质、水文、气象等自然条件,依山就势,因地制宜。

④建筑物之间的距离应满足生产、防火、日照、通风、抗震及管线布置等各方面要求。

⑤结合地形,合理地进行用地范围内的建筑物、构筑物、道路及其他工程设施之间的平面布置(图4.2)。

图4.2　预制构件厂厂区布局示例

2)主要建设内容

(1)生产车间

预制构件生产车间主要由预制构件生产线、钢筋加工区或加工生产线、桥式行车系统、临时堆放区和动力系统组成。由于生产流程对作业空间要求较大,因此生产车间多采用钢结构形式,采用大跨度、大层高的设计方案,一般为单层建筑。

生产车间的地面需要进行混凝土硬化处理,并结合设备布置预留设备基础和沉淀池、污水井等设施。车间应尽可能利用自然采光和通风,并做好消防、保暖等工作,保障作业人员及作业环境的安全与舒适。

(2)成品堆场

成品堆场是预制构件厂的重要组成部分,是预制构件出厂前的主要储存地。一般来说,成品堆场的占地面积要大于生产车间的占地面积,甚至大出几倍之多。

成品堆场的设置要考虑与构件生产车间的距离,建议靠近生产车间布置。堆场的地面需进行硬化处理,并应平整、干燥,有排水设施或构造。堆场应结合预制构件重量设置起重设备,并根据预制构件的存放方式配备合理的存放工具(图4.3)。

(3)办公及生活区

预制构件厂的办公区和生活区应能满足厂区常驻人员和流动性人员的办公及生活需求。办公区为各个职能部门的办公区域,生活区应设置食堂、吸烟处、饮水处、卫生间等,如有员工在厂区住宿,还需配置宿舍、淋浴室、自习室、娱乐活动室等场所,满足文明施工的相关要求。

(4)锅炉房、搅拌站等生产配套设施

预制构件厂应配备锅炉房、搅拌站等生产配套设施,确保生产顺利进行。

图4.3　成品堆场

4.2　生产线建设

4.2.1　生产线选型

流水生产组织是大批量生产的典型组织形式。在流水生产组织中,生产对象按制订的工艺路线及生产节连续不断地按顺序通过各个工位,最终形成产品。这种生产方式的工艺过程封闭,各工序时间基本相等或成简单的倍数关系,生产节奏性强、过程连续性好,能采用先进、高效的技术装备,能提高工人的操作熟练程度和效率,缩短生产周期。

按流水生产要求设计和组织的生产线称为流水生产线,简称流水线。按加工对象移动方式,流水线可分为固定式流水线和移动式流水线。对于预制构件生产而言,采用固定式流水线生产的方法,称为固定模台法;采用移动式流水线生产的方法,称为移动模台法。

1)固定模台法

固定模台法的主要工艺特点是模台固定不动,通过产业工人和生产机械的位置移动来切换构件制作工序,完成构件的生产。固定模台法具有适用性好、管理简单、设备成本较低的特点,但难以机械化,人工消耗较多。这种生产方式主要应用于生产车间的自动化、机械化实力较弱的生产企业,或者用于生产同种产品数量少、生产难度大的预制构件(图4.4)。

2)流动模台法

流动模台法是指在生产线上按工艺要求依次设置若干操作工位,工序交接时模台可沿生产线行走,构件生产时模台依次在正在进行的工艺工位停留,直至最终生产完成。这种生产方式机械化程度高,生产效率也高,可连续循环作业,便于实现自动化生产。目前,大多数预制构件生产线采用流动模台法(图4.5)。本章也主要以流动模台法为基本生产方式进行生产工艺的讲述。

图4.4   固定模台法工厂内景

图4.5   流动模台法工厂内景

4.2.2   构件生产设备

预制构件生产设备通常包括混凝土制造设备、钢筋加工组装设备、材料出入及保管设备、成型设备、加热养护设备、搬运设备、起重设备、测试设备等。本节主要介绍流动模台法中常用的主要设备。

1)模台

模台是预制构件生产的作业面,也是预制构件的底模板。目前常用的模台有不锈钢模台和碳钢模台。

模台面板宜选用整块的钢板制作,钢板厚度不宜小于10 mm。其尺寸应满足预制构件的制作尺寸要求,一般不小于3 500 mm × 9 000 mm。模台表面必须平整,表面高低差在任意2 000 mm长度内不得超过2 mm,在气温变化较大的地区应设置伸缩缝(图4.6)。

2)模台辊道

模台辊道是实现模台沿生产线机械化行走的必要设备。模台辊道由两侧的辊轮组成。工作时,辊轮同向辊动,带动上面的模台向下一道工序的作业地点移动。模台辊道应能合理控制模台的运行速度,并保证模台运行时不偏离不颠簸。此外,模台辊道的规格应与模台对应(图4.7)。

图4.6　模台

图4.7　模台辊道

3)模台清理机

模台清理机是对模台表面进行清理的机械化设备。模台清理机能够快速完成对模台表面的清理,去除构件制作过程中残留在模台上的杂物,并对模台表面进行保养。模台清理机在大型预制构件厂得到了广泛应用,但目前国内预制构件生产企业发展不均衡,部分发展相对滞后的企业依然由人工来完成这部分工作(图4.8)。

图4.8　模台清理机

4)喷油机

喷油机是向模台表面喷涂脱模剂的机械化设备。喷油机具有喷涂速度快、喷涂均匀饱满等优点,并能有效节省人工。但是预制构件厂购入喷油机的一次性采购成本较大,因此部分发展相对滞后的企业依然采用人工涂刷的方式。

5)画线机

画线机是通过数控系统控制,根据设计图纸要求,在模台上进行全自动画线的设备。相比人工操作,划线机不仅对构件的定位更加准确,并且可以大大减少画线作业所用的时间(图4.9)。

图4.9　画线机

6)混凝土布料机

混凝土布料机是预制构件生产线上向模台上的模具内浇筑混凝土的设备(图4.10)。布料机能在生产线上方纵横向移动,便于将混凝土均匀浇筑在模具内。布料机的储料斗有足够的储料容量以保证混凝土浇筑作业的连续进行。布料机常悬挂于距地面约2.5 m的空中轨道上,并可小幅上下调整高度位置。布料机有下料速度变频控制系统,可实时调整下料速度。

图4.10　布料机

7)混凝土振动台

混凝土振动台是预制构件生产线上用于实现混凝土振捣密实的设备。振动台具有振捣密实度好、作业时间短、噪声小等优点,非常适用于预制构件流水生产(图4.11)。

振动台工作时,待振捣的预制混凝土构件必须牢固固定在工作台面上,构件不宜在工作台面上偏置,以保证振动均匀。振动台开启后振捣首个构件前需先试车,待空载3~5 min确定无误后方可投入使用。生产过程中如发现异常,应立即停止使用,待找出故障并修复后才能重新投入生产。

图4.11　混凝土振动台

8)构件表面整平机

构件表面整平机用于在混凝土初凝前将混凝土表面整平,保证构件表面平整,外观良好(图4.12)。但是,对于叠合板等表面有外露钢筋或预埋件的构件,整平机无法实现一次性整平,应合理调整整平机的工作方式,或者采用人工整平的方式。

图4.12　构件表面整平机

9)拉毛机

拉毛机是用来在叠合构件表面生成粗糙面的机械设备(图4.13)。拉毛机设有拉毛钢壁,工作时拉毛钢壁从构件混凝土表面内一定深度处划过,在构件表面生成粗糙面。拉毛机的钢壁位置、间距和深度可结合被拉毛构件的构造特点调整。对于没有拉毛机的企业,可采用人工拉毛的方式。

图4.13　拉毛机

10）收光机

收光机是混凝土初凝后对其表面进行找平打磨的工具。工作时,收光盘在构件表面移动,打磨构件表面,将构件表面打磨成光滑平面(图4.14)。收光机常用于墙板侧面、梁柱侧面等的收光作业。

图4.14　收光机

11）蒸养窑与码垛机

预制构件生产过程中,混凝土的养护采用在蒸养窑里进行蒸汽养护的做法(图4.15)。蒸养窑由多个独立养护仓及一整套热循环系统组成,各养护仓的尺寸、承重能力应满足待蒸养构件的尺寸和重量的要求,且其内部应能通过自动控制或远程手动控制对蒸养窑每个分仓里的温度和湿度进行控制。窑门启闭机构应灵敏、可靠,封闭性能强,不得泄漏蒸汽。此外,预制构件进出蒸养窑需要码垛机配合(图4.16)。

图4.15　蒸养窑

图4.16　码垛机

12）立起机

立起机也称翻板机,是用于翻转预制构件,使其调整到设计起吊状态的机械设备(图4.17)。墙板类构件等常平卧式生产,但起吊作业被设计成立起起吊的方式,因此需要立起机协助构件翻身起吊。

图4.17　立起机

13)专用吊具

专用吊具是预制构件起吊的辅助工具(图4.18)。根据起吊构件的种类不同,吊具主要包括叠合板吊具和墙板类吊具两类。叠合板吊具是叠合板类构件起吊常用的辅助性工具,多为框架式吊梁;墙板类吊具是扁担式吊具,俗称扁担梁。起吊脱模时,按构件设计吊点将预制构件与吊具连接,并在起吊过程中保持各吊点垂直受力。

(a)叠合板吊具　　　　　　　　　　　　　(b)墙板类吊具

图4.18 专用吊具

14)行车吊

行车吊即预制构件生产车间的轨道式吊车,可解决生产车间内物料的运输问题(图4.19)。生产厂房需预先在行车工作区间预留框架柱牛腿,并在牛腿上制作吊车梁,作为行车移动的轨道。行车吊需要由专人操作,并定期保养维护。

图4.19 行车吊

4.3　模具工程

模具是指用来生产混凝土构件的模板系统。预制构件生产用到的模具主要以钢模、铝膜为主,对形状复杂、数量少的构件也可采用木模或其他材料的模具。清水混凝土预制构件建议采用精度较高的模具制作。流水线平台上的各种边模可采用玻璃钢、铝合金、高品质复合板等轻质材料制作。模具和台座的管理应由专人负责,并应建立健全模具设计、制作、改制、验收、使用和保管制度。

4.3.1　模具设计原则

预制构件生产过程中,模具设计的优劣直接决定了构件的质量、生产效率以及企业的成本,应引起足够的重视。模具设计应遵循以下原则:

1)质量可靠

模具应能保证构件生产的顺利进行,保证生产出的构件质量符合标准。因此,模具本身的质量应可靠。这里说的质量可靠,不仅指模具在构件生产时不变形、不漏浆等,还指模具的方案应能实现构件的设计意图。这就要求模具应有足够的强度、刚度和稳定性,并能满足预制构件预留孔洞、插筋、预埋吊件及其他预埋件的留置和埋设要求。跨度较大的预制构件和预应力构件的模具应根据设计要求预设反拱。

2)方便操作

模具的设计方案应能方便现场工人的实际操作。模具设计应保证在不损失模具精度的前提下合理控制模具组装时间,在不损坏构件的前提下方便工人拆卸模板。这就要求模具设计人员必须充分掌握构件的生产工艺。

3)通用性强

模具设计方案还应实现模具的通用性,提高模具的重复利用率。对模具的重复利用,不仅能够降低构件生产企业的生产成本,还能促进节能环保、绿色生产。

4)方便运输

这里的运输是指模具在生产车间内的位置移动。构件生产过程中,模具运输是非常普遍的一项工作,其运输的难易程度对生产进度影响很大。因此,应通过受力计算尽可能地降低模板重量,力争达到不靠吊车,只需工人配合简单的水平运输工具就可以完成模具运输工作。

5)延长寿命

模具的使用寿命将直接影响构件的制造成本。因此,在模具设计时,应考虑赋予模具合理的刚度,增大模具周转次数,以避免模具损坏或变形,节省模具修补或更换的追加费用。

4.3.2　模具设计要点

1）叠合楼板模具设计要点

根据叠合楼板高度,可选用相应的角铁作为预制构件边模,当叠合楼板四边有倒角时,可在角铁上后焊一块折弯的钢板,作为构件倒角处的模板。

为保证叠合楼板侧向预留钢筋伸出,叠合楼板边模板上需要预留若干豁口。这些豁口的预设会导致构件侧模长向的刚度不足,故需在侧模上间隔400～500 mm加设加强肋板(图4.20)。

图4.20　叠合楼板模具

2）内墙板模具设计要点

由于内墙板构件普遍没有平面外造型,因此可选用槽钢作为构件边模。内墙板构件两侧面和上表面均需留设数量较多的外伸钢筋,故常需要在槽钢上预留许多豁口,从而导致侧模刚度削弱。为了增强侧模刚度,提高侧模板重复利用效率,常在侧模上架设加强肋板。内墙板上如有门窗等构件,则需支设内模板,以形成门窗洞口(图4.21)。

图4.21　内墙板模具

3）外墙板模具设计要点

外墙板构件一般为夹心保温板结构,且外立面常与装饰面层整体制作。为实现外立面以及装饰面层的平整度,外墙板构件多采用反打工艺制作。这里提到的反打工艺是指将饰面层紧贴模台表面,在其上依次制作外叶层、保温层、内叶层的构件制作工艺,由于与传统外墙施工顺序相反,因此称为反打工艺。

采用反打工艺施工的外墙板,其模具分为上下两层。下层模具用来制作外叶层和装饰面层,上层模具用来制作内叶层。由于保温层不涉及混凝土作业内容,因此可不支设模具。外墙板每层模具的组装方法可参考内墙板的做法,但由于下层模具需要作为上层模具的基础和固定端,因此应对下层模具采取适当的加强措施(图4.22)。

图4.22 外墙板带窗洞模具

4)楼梯模具设计要点

楼梯模具分为立式模具和平式模具两种。由于平式模具相对而言具有占用场地大、需要压光的面积大、构件需多次翻转等缺点,因此其使用频率远不及立式楼梯模具的使用频率。

楼梯模具设计的重点为楼梯踏步的处理。由于踏步成波浪形,钢板需折弯后拼接,多处接缝的拼接密封性能直接决定模具的使用质量。拼缝的位置宜放在既不影响构件效果又便于操作的位置,拼缝的处理可采用焊接或冷拼接工艺(图4.23)。

(a)楼梯立式模具

(b)楼梯平式模具

图4.23 楼梯模具

4.3.3　模具制作工艺流程

预制构件模具制作主要通过开料、零件制作、拼装成模三步完成。

1)开料

依照零件图将零件所需的各部分材料按图纸尺寸裁制。部分精度要求较高的零件、裁制好的板材还需要进行精加工来保证其尺寸精度符合要求。

2)零件制作

将裁制好的材料依照零件图进行折弯、焊接、打磨等,制成零件。部分零件因其外形尺寸对产品质量影响较大,为保证产品质量,焊接好的零件还需对其局部尺寸进行精加工。

3)拼装成模

将制成的各零件依照组装图拼装成模。拼模时,应保证各相关尺寸达到精度要求。待所有尺寸均符合要求后,安装定位销及连接螺栓,随后安装定位机构和调节机构。再次复核各相关尺寸,若无问题,模具即可交付使用。

4.4　预制构件制作

预制构件制作前,应认真识读并明确预制构件详图的图纸要求,编写预制构件制作方案(也称为预制构件生产方案)并审批合格,完成预制构件模具设计,准备好构件制作所需的设备、工具材料等。完成以上工作后,可开展预制构件制作工作。

叠合板生产
工艺流程

4.4.1　叠合楼板制作工艺

1)生产准备

叠合板构件制作前,生产人员需做好生产前的准备工作。生产准备主要包括劳保工装穿戴、工厂卫生检查和设备检查三部分内容。

(1)劳保工装穿戴

构件制作人员需正确佩戴安全帽,穿戴施工工装,佩戴工业手套,穿劳保鞋,戴好工业口罩,未按规定进行劳保工装穿戴的人员不得进入作业区进行生产作业。

(2)工厂卫生检查

生产作业前,应对流水生产线各作业区域进行卫生检查,如有垃圾应及时清理。

(3)设备检查

生产作业前,对构件生产所涉及到的机械化设备进行检查和试运行,确认所有设备均状态良好后,方可进行生产作业。

2)模具摆放

(1)画线

将预制构件的图纸信息录入划线机,使划线机获得待生产构件的详细信息,生成详细准确的画线指令。然后启动划线机,使划线机在模台上表面画出模板的位置线,必要时再画出预埋件安装位置等控制线。画线完成后,将划线机复位。

(2)喷油

画线完成后,操作模台前进,将模台移动到喷油机位置。向喷油机添加适量脱模剂,保证喷油机油量足够完成本次喷油作业。然后打开喷油机的喷嘴阀门,开启喷油机,使喷油机的喷嘴处在正常喷油状态。完成以上操作后,操作模台前进,使模台从喷嘴下方匀速通过,保证模台通过时被均匀喷上脱模剂。

完成以上操作后,关闭喷油机,并将喷油机恢复原状。

(3)领取模具

根据构件图纸信息,领取适合的模具。叠合板构件的模具一般由4个边的侧模组成,对边模具长度相等并且出筋孔位置相对应。

模具领取完成后,需要对领取的模具进行侧向弯曲检查和锈迹检查。侧向弯曲检查应用的工具有卷尺和侧向弯曲工具,检查结果偏差应控制在2 mm及以内;锈迹检查主要依靠肉眼观察,需要保证模具表面光滑无污渍,如不满足以上要求则需对模具进行更换。

(4)模具摆放

模具经领取并检查合格后,即可将模具按照模台画线位置进行摆放。摆放时应保证模具内侧壁与画线位置重合(图4.24)。

图4.24 模具摆放

(5)模具初固定

应用扳手,用螺栓将相邻的侧模具进行连接并初固定,保证侧模间的位置相对固定但可微调。

为了保证模具整体相对模台的位置固定,需选择一侧模具(建议选择长边)作为固定端。将磁盒放置在固定端模具外侧并紧贴固定端模具,然后用橡胶锤锤击磁盒的磁力开关,使其与模台通过磁力吸附连接(图4.25)。通过以上操作,即可通过磁盒限制固定端模具的位置,将固定端模具与模台固定。磁盒的摆放位置应避开构件侧向伸出钢筋。

(a)磁盒实物   (b)磁盒固定模具

图4.25   磁盒

(6)模具测量

使用卷尺依次测量模具围成的预制构件混凝土浇筑区域各边的边长及预制构件混凝土浇筑区域的各对角线长度。应保证两条对角线测得长度的差值在3 mm范围以内。

(7)模具校正

如果模具的测量结果不满足相应要求,则需对模具进行校正。可通过用橡胶锤侧向锤击模具的方式调整预制构件混凝土浇筑区域的边长和对角线长度。

(8)模具终固定

完成模具校正后,用磁盒依次将三条非固定端的模具进行终固定,其做法与固定端模具终固定的方法相同。

(9)粉刷缓凝剂

应用滚刷,将缓凝剂依次涂在侧模具的内壁。涂刷缓凝剂需要均匀,不得漏涂(图4.26)。涂刷缓凝剂的作用是保证构件粗糙面的形成。

3)钢筋绑扎

(1)摆放垫块

为了保证摆放的叠合板底部水平钢筋具有足够的保护层厚度,在摆放钢筋前,需要在模台上摆放梅花形垫块。梅花形垫块的摆放位置需结合钢筋摆放位置确定,且相邻垫块纵横向间距均应控制在300～800 mm。

（2）领取钢筋

结合叠合板的构造信息，领取相应的钢筋。叠合板底板制作常用的钢筋包括 x 向、y 向水平筋，以及板侧附加筋、吊点附加筋和桁架筋。领取时需认真核对钢筋的类型、强度等级、直径、数量、长度、端头弯钩形式等是否与图纸要求一致（图4.27）。

图4.26　涂刷缓凝剂　　　　　　　　　　图4.27　领取钢筋

（3）摆放钢筋并绑扎

根据图纸信息，将钢筋摆放到准确的位置上。钢筋全部摆放完毕后，手持扎钩或电动绑扎机用扎丝将钢筋在纵横向交点处进行绑扎（图4.28）。

图4.28　叠合板钢筋绑扎

对于技术先进、工业化程度高的预制构件厂，也可以采用预先制作出的叠合板底筋钢筋网片，然后将钢筋网片整体吊装入模的方式实现底层钢筋的安装（图4.29）。

（4）摆放预埋件

叠合板底板制作常用的预埋件是接线暗盒（图4.30），领取时应核对线盒的型号、数量

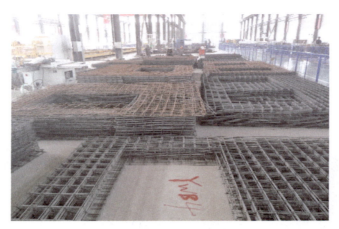

图4.29 预制钢筋网片

等。根据图纸信息,将预埋件摆放到准确的位置上。预埋件全部摆放完毕后,将预埋件与周围的钢筋绑扎牢固。

（5）侧模出筋孔封堵

由于叠合板底板构件的底部钢筋需要伸出构件混凝土外,因此侧模板需要留设出筋孔。钢筋伸出后,剩余的出筋孔空隙常用专用夹具进行封堵（图4.31）。需要强调的是,由于夹具的两个叶片需要分别在侧模内外侧对模具进行夹挤,侧模内侧的夹具叶片会占据混凝土浇筑空间,造成出筋孔位置内侧混凝土少量缺失。但少量的混凝土缺失并不会影响构件整体质量,相反混凝土构件侧面的混凝土凹凸起伏可起到类似键槽的咬合作用。

图4.30 接线暗盒

图4.31 侧模出筋孔封堵

4）构件浇筑

（1）混凝土浇筑

识读构件加工图纸,根据构件的长度、宽度、厚度等尺寸,计算出构件的混凝土工程量。考虑到操作误差的影响,实际领用的混凝土量应略多于计算出的构件混凝土用量。

将领用的混凝土灌入布料机内,布料机移动到模台上方,对准需要浇筑混凝土的区域。打开布料机阀门开始浇筑,并观察混凝土的浇筑情况,适当调整布料机位置,保证整个构件区域浇筑均匀,并应避免混凝土浇筑到构件区域以外。待混凝土充满了侧模围成的浇筑区域,且布料机显示的混凝土用量超过预估混凝土用量后,关闭布料机阀门,结束浇筑(图4.32)。

图4.32　预制构件混凝土浇筑

需要强调的是,混凝土浇筑工作完成后,应及时对混凝土布料机进行清洗,以免残留的混凝土拌合物在布料机内凝结硬化,增加清理难度,影响后期使用。清洗布料机前应将布料机移动到清洗池上方,然后打开布料机阀门将布料机内剩余的混凝土倒入清洗池内,再用高压水枪对布料机内部进行冲洗。清洗完成后将布料机复位。

(2)整平

混凝土浇筑完成后,需要对混凝土表面进行整平处理。目前,整平作业普遍由人工完成,即工人用抹子将混凝土表面抹平。

(3)混凝土振捣

将模台移动到振动台工位上,将模台和振动台可靠连接固定后,启动振动台,振动台带动模台进行振捣。振捣时间宜控制在60～100 s,振捣完成后关闭振动台。

5)构件预处理

(1)构件拉毛

将模台行进至拉毛机处,使拉毛机的拉毛钢片从混凝土表面4 mm深度处划过,将混凝土表面拉成毛面。注意拉毛机运动方向应与叠合板桁架钢筋的方向一致,拉毛钢片不得碰撞桁架钢筋。

拉毛作业也可通过人工操作完成,即人工使用小型拉毛机具或者用爬犁在构件表面生成毛面(图4.33)。

图4.33   混凝土表面拉毛

（2）构件预养护

预制构件在进入养护窑养护前,需要先进行预养护,使构件强度达到3.5 MPa后再进入蒸养窑。

构件预养护建议采用自然养护的方式,将混凝土构件置于常温常湿环境下适当补水和覆盖,这样养护的混凝土质量最佳(图4.34)。但是自然养护通常需要2~6 h,耗时太长,很多预制构件厂从整体生产效率考量,放弃了自然预养护的方案,采用蒸汽预养护。

图4.34   预制构件自然养护

构件蒸汽预养护就是将预制构件送入预养库中,将预养库内的温湿度设置成加速预养的温湿度环境。预养库内的温度不宜超过35 ℃。待预制构件的混凝土强度达到3.5 MPa后,结束预养。

（3）构件蒸养

构件预养结束后,将构件移出预养库,并行进至蒸养库。通过码垛机将构件送入蒸养库内,合理设置蒸养库内的温度,使构件完成蒸汽养护。蒸养窑内的初始温度与环境温度差值不宜大于25 ℃,以免构件混凝土急速遇热出现不均匀收缩,进而产生裂缝。蒸养温度宜采用多次调整的策略,控制构件每小时升温或降温的调整温差不大于20℃。最高蒸养温度不应超过70℃,如预制构件上有易燃可燃的预埋件,则应酌情降低蒸养温度。预制构件混凝土强度达到15 MPa后,即可结束蒸养。构件出窑时,窑内温度和环境温度的差值不宜大于25℃。

6)起板入库

(1)拆模

先用拆磁盒工具拆除磁盒,再用扳手拆除螺栓,并拆除侧模出筋孔封堵工具。最后用橡胶锤拆除侧模具。

(2)水洗粗糙面

将预制构件前进到水洗池工位,用高压水枪对构件侧面混凝土表面进行冲洗,冲掉表面砂粒,露出大颗粒石子,使构件侧表面形成粗糙面。

(3)起吊入库

将构件前进到构件起吊工位,将叠合板吊具上端吊索与行车吊钩连接,下端4个或6个吊钩勾挂到叠合板底板预设的吊点上。操作行车使叠合板吊起,并低速、匀速地移动到构件堆放区进行存放(图4.35)。

图4.35 叠合板起吊

由于场地空间有限,构件堆放常采用上下叠放的方式。上下层构件间、最下层构件与地面间均不得直接接触,应采用垫木将构件垫起隔开。垫木的位置和数量应经设计确定,一般边缘垫木距叠合板端部距离不大于200 mm,相邻垫木间距离不大于1 600 mm。上下层垫木应对齐放置(图4.36)。

图4.36 叠合板入库堆放

(4)构件检验

用肉眼对预制构件外观进行检查,用卷尺对构件尺寸进行检查,并及时将检查结果存档,如有质量问题需要及时修补处理。

对质量合格的构件,在其表面喷印构件信息,以便后期查阅构件。以上操作均完成后,将构件运输至构件库中,并填写构件入库单。

（5）清扫模台

构件制作完毕后,及时对模台进行清扫,并将清扫干净的模台复位。

7）工完料清

将所有工具清理后归还复位,未使用的材料按规定归还,所有设备清理后复位。完成以上操作后,本次叠合板构件制作完成。

4.4.2 预制夹心保温外墙板制作工艺

外墙生产工艺流程（无窗）

1）生产准备

剪力墙外墙板构件制作前,生产人员需做好生产前的准备工作。剪力墙外墙板制作的生产准备工作与叠合板制作的生产准备工作基本相同。

2）模具摆放

（1）画线

将预制构件的图纸信息录入划线机。然后启动划线机,分别在两块模台或同一块模台的两个不同作业区域绘制内叶板和外叶板的侧模板位置,画线完成后将划线机复位。

（2）喷油

剪力墙外墙板制作的喷油工艺与叠合板制作的喷油工艺基本相同。需要依次对剪力墙内、外叶板的制作模台分别喷油。

（3）领取模具

根据构件图纸信息,领取适合的模具。剪力墙外墙板构件的模具由外叶板模具和内叶板模具组成,如有门窗洞口则还需洞口模具。模具领取完成后,需要对领取的模具进行侧向弯曲检查和锈迹检查。检验方法和要求与叠合板模具检查相同。

（4）模具摆放

模具经领取并检查合格后,依次摆放外叶板和内叶板的模具。

（5）模具初固定

内叶板和外叶板分别需要选择一条长边作为固定端,固定端的模具与模台进行终固定,常用螺栓通过侧模底部的螺栓孔和模台螺栓孔将两者固定。其他非固定端则进行模具初固定,应用扳手,用螺栓将相邻的侧模具进行连接,保证侧模间的位置相对固定但可微调。

（6）模具测量、校正与终固定

剪力墙外墙板模具测量、校正、终固定的工艺与叠合板模具测量、校正、终固定的工艺基本相同。

（7）粉刷缓凝剂

应用滚刷，依次将缓凝剂涂在内叶板侧模具的内壁，将脱模剂涂刷在外叶板模具内壁。涂刷时需要保证剂液均匀，不得漏涂。

3）钢筋绑扎

（1）摆放垫块

为保证外叶板钢筋的混凝土保护层厚度满足要求，需要在外叶板模具内摆放垫块。外叶板摆放垫块的工艺与叠合板摆放垫块的工艺基本相同。

（2）领取钢筋

结合剪力墙外墙板的构造信息，领取相应的钢筋。剪力墙外墙板制作常用的钢筋包括外叶板钢筋和内叶板钢筋。无洞口外墙板的内外叶墙钢筋分别由水平筋、竖向筋和拉筋组成；有洞口内叶墙由边缘构件、普通墙身和连梁三部分区域组成。

（3）摆放钢筋并绑扎

剪力墙外墙板内、外叶墙摆放钢筋并绑扎的工艺与叠合板摆放钢筋并绑扎的工艺基本相同（图4.37）。

图4.37　外叶板钢筋绑扎

（4）摆放预埋件

剪力墙外墙板外叶板制作常用的预埋件是PVC管，内叶板制作常用的预埋件是吊钉、内埋螺母等。领取时应核对各预埋件的型号、数量等。根据图纸信息，将预埋件摆放到准确的位置上。预埋件全部摆放完毕后，将预埋件与周围的钢筋绑扎牢固（图4.38）。

（5）摆放埋件固定架

由于外墙板构件的内叶板埋件过多，因此常用埋件固定架对埋件进行位置固定。选择合适的埋件固定架，将其安装到模具上方，并与埋件可靠连接，从而约束埋件的移动。

图4.38　摆放预埋件

（6）侧模出筋孔封堵

钢筋和预埋件摆放完毕后，内叶板侧模的出筋孔需要封堵，其原理和做法与叠合板侧模封堵基本相同。

4）构件浇筑

（1）外叶板混凝土浇筑

外叶板混凝土浇筑的工艺与叠合板混凝土浇筑的工艺基本相同（图4.39）。

图4.39　外叶板混凝土浇筑

（2）外叶板整平

外叶板混凝土浇筑完成后，需要及时对其进行表面整平，其操作方法与叠合板混凝土表面整平基本相同。

（3）外叶板混凝土振捣

外叶板混凝土振捣采用机械化的混凝土振动台振捣，其振捣工艺与叠合板混凝土振捣工艺基本相同。

（4）铺设保温板

根据构件图纸，预先制作出与构件构造匹配的保温板，再将保温板铺设到外叶板上面（图4.40）。

图4.40　铺设保温板

（5）摆放拉结件

保温板铺设完毕后,需要摆放拉结件。拉结件常由专业厂家生产,摆放时需选择与外墙板尺寸合适的拉结件,并按规定的位置和间距摆放(图4.41)。

图4.41　摆放拉结件

（6）内叶板混凝土浇筑

在保温板上摆放梅花形垫块,然后将内叶板模具、钢筋和预埋件吊起安装到外叶板模具上,按照图纸调整内叶板位置直至与图纸要求一致(图4.42)。

图4.42　安放内叶板模具和钢筋网

然后操作布料机对内叶板浇筑混凝土(图4.43)。混凝土浇筑完成后,及时对布料机进行清洗。

图4.43　内叶板混凝土浇筑完成

(7)内叶板整平

内叶板整平做法与外叶板做法基本相同。

(8)内外叶板混凝土振捣

由于内叶板与模台间隔外叶板和保温板,通过振动台振捣的效果不佳,因此内叶板混凝土需要用插入式振捣棒进行振捣。

5)构件预处理

(1)构件预养护

预制构件在进入养护窑养护前,需要进行预养护。预养护的工艺与叠合板预养护基本相同。

(2)拆除预埋件固定架

预养完成后,将构件移出预养库,拆除埋件固定架。

(3)表面收光

将构件移动到收光机工位,启动收光机对构件表面收光。

(4)构件蒸养

外墙板蒸汽养护的工艺与叠合板蒸养基本相同。

6)起板入库

(1)拆模

参照叠合板制作工艺中的拆模做法,使用拆磁盒、扳手等工具依次将内叶板、外叶板的模具拆除(图4.44)。

图4.44　拆模

（2）水洗粗糙面

将预制构件前进到水洗池工位，用高压水枪对内叶板侧面混凝土表面进行冲洗，使其形成粗糙面。

（3）起吊入库

将构件前进到立起机位置，在墙板底部一侧安放底模板。领取墙板类吊具，使墙板类吊具上端吊索与行车吊钩连接，下端吊钩与外墙板上端预留的吊钉连接。

操作立起机使其翻转，将剪力墙构件调整至与地面呈80°或以上的夹角后停止翻转，操作行车使剪力墙外墙板吊起，并低速、匀速地移动到构件堆放区进行放置。构件吊运放置成功后，用木楔将构件与插放架间的缝隙塞紧，避免构件发生磕碰。

（4）构件检验

用肉眼对预制构件外观进行检查，用卷尺对构件尺寸进行检查，并及时将检查结果存档，如有质量问题需要及时修补处理。

对质量合格的构件，在其表面喷印构件信息，以便后期查阅构件信息。以上操作均完成后，将构件运输至构件库中，并填写构件入库单。

（5）清扫模台

构件制作完毕后，及时对模台进行清扫，并将清扫干净的模台复位。

7）工完料清

将所有工具清理后归还复位，未使用的材料按规定归还，所有设备清理后复位。完成以上操作后，本次剪力墙外墙板构件制作完成。

4.4.3　其他预制构件制作工艺

内墙生产
工艺流程　阳台板生产
工艺流程　空调板生产
工艺流程　楼梯生产
工艺流程

4.5　预制构件存储与运输

4.5.1　预制构件存储

1)预制构件堆放方式

预制构件堆放存储通常采用平放(图4.45)或立放(图4.46)两种方式。楼板、楼梯、梁和柱通常采用平放方式,墙板构件一般采用立放方式。立放方式分成靠放和插放两种形式。

图4.45　构件平放

(a)靠放　　　　　　　　　　　　　　　　　(b)插放

图4.46　预制构件立放

2)预制构件存放规定

预制构件存放应符合下列规定:

①存放场地应平整、坚实,并应有排水措施。

②存放库区宜实行分区管理和信息化台账管理。

③应按照产品品种、规格型号、检验状态分类存放,产品标识应明确、耐久,预埋吊件应朝上,标识应向外。

④应合理设置垫块支点位置,确保预制构件存放稳定,支点宜与起吊点位置一致。

⑤与清水混凝土面接触的垫块应采取防污染措施。

⑥预制构件多层叠放时,每层构件间的垫块应上下对齐;预制楼板、叠合板、阳台板和空调板等构件宜平放,叠放层数不宜超过6层;长期存放时,应采取措施控制预应力构件起拱值和叠合板翘曲变形。

⑦预制柱、梁等细长构件宜平放且用两条垫木支撑。

⑧预制内外墙板、挂板宜采用专用支架直立存放,支架应有足够的强度和刚度,薄弱构件、构件薄弱部位和门窗洞口应采取防止变形开裂的临时加固措施。

3)预制构件成品保护

预制构件成品保护应符合下列规定:

①预制构件成品外露保温板应采取防开裂措施,外露钢筋应采取防弯折措施,外露预埋件和连结件等外露金属件应按不同环境类别进行防护或防腐、防锈。

②宜采取保证吊装前预埋螺栓孔清洁的措施。

③钢筋连接套筒、预埋孔洞应采取防止堵塞的临时封堵措施,例如,用防尘帽或防尘盖(图4.47)临时封堵预留孔洞。

图4.47　防尘帽与防尘盖

④露骨料粗糙面冲洗完成后应对灌浆套筒的灌浆孔和出浆孔进行透光检查,并清理灌浆套筒内的杂物。

⑤冬期生产和存放的预制构件的非贯穿孔洞应采取措施防止雨雪水进入发生冻胀损坏。

4.5.2　预制构件运输

1)构件吊运规定

预制构件吊运应符合下列规定:

①应根据预制构件的形状、尺寸、质量和作业半径等要求选择吊具和起重设备,所采用的吊具和起重设备及其操作,应符合国家现行有关标准及产品应用技术手册的规定。

②吊点数量、位置应经计算确定,应保证吊具连接可靠,应采取保证起重设备的主钩位置、吊具及构件重心在竖直方向上重合的措施。

③吊索水平夹角不宜小于60°,不应小于45°。

④应采用慢起、稳升、缓放的操作方式,吊运过程应保持稳定,不得偏斜、摇摆和扭转,严禁吊装构件长时间悬停在空中。

⑤吊装大型构件、薄壁构件或形状复杂的构件时,应使用分配梁或分配桁架类吊具,并应采取避免构件变形和损伤的临时加固措施。

构件类型与
车型选择

2)构件运输方式

预制构件的运输宜采用专用运输车,并根据构件的种类不同而采取不同的固定方式。叠合板等水平构件常采用平放式运输(图4.48),墙板等竖向构件常采用靠放式运输(图4.49)。

图4.48　平放式运输

图4.49　靠放式运输

3)构件运输规定

预制构件在运输过程中应做好安全和成品防护,并应符合下列规定:

构件临时支
架选择

构件在车辆
上堆放

①应根据预制构件种类采取可靠的固定措施。

②对于超高、超宽、形状特殊的大型预制构件的运输和存放应制定专门的质量安全保证措施。

③运输时宜采取如下防护措施:

a.设置柔性垫片,避免预制构件边角部位或链索接触处的混凝土损伤(图4.50);

b.用塑料薄膜包裹垫块,避免预制构件外观污染;

c.墙板门窗框、装饰表面和棱角采用塑料贴膜或其他措施防护;

d.竖向薄壁构件设置临时防护支架;

e.装箱运输时,箱内四周采用木材或柔性垫片填实,支撑牢固。

图4.50　预制构件边角用柔性衬垫保护

④应根据构件特点采用不同的运输方式,托架、靠放架、插放架应进行专门设计,并进行强度、稳定性和刚度验算:

a.外墙板宜采用立式运输,外饰面层应朝外,梁、板、楼梯、阳台宜采用水平运输。

b.采用靠放架立式堆放或运输时,构件与地面倾斜角度宜大于80°,构件应对称靠放,每侧不大于2层,构件层间上部采用木垫块隔离。

c.采用插放架直立运输时,应采取防止构件倾倒措施,构件之间应设置隔离垫块。

d.水平运输时,预制梁、柱构件叠放不宜超过3层,板类构件叠放不宜超过6层。

⑤大型构件在实际运输前应踏勘运输路线,确认运输道路的承载力、宽度、转弯半径和穿越桥梁、隧道的净空与架空线路的净高满足运输要求(图4.51),确认运输机械与电力架空线路的最小距离必须符合要求。路线选择应尽量避开桥涵和闹市区,应该设计备选方案。选择明确了运输路线后,根据构件运输超高、超宽、超长情况,及时向交通管理部门申报,经批准后,方可在指定时间段在指定路线上行驶。

图4.51　城市公路限高

4.6　预制构件生产质量控制与验收

4.6.1　生产制度管理

1）质量管理体系和制度

生产单位应具备保证产品质量要求的生产工艺设施、试验检测条件，建立完善的质量管理体系和制度。

完善的质量管理体系和制度是质量管理的前提条件和企业质量管理水平的体现。质量管理体系中，应建立质量管理相关文件的控制程序，该程序应包括文件的编制（获取）、审核、批准、发放、变更和保存等。

文件可存在各种载体上，与质量管理有关的文件包括：

①法律法规和规范性文件。

②技术标准。

③企业制定的质量手册、程序文件和规章制度等质量体系文件。

④与预制构件产品有关的设计文件和资料。

⑤与预制构件产品有关的技术指导书和质量管理控制文件。

⑥其他相关文件。

2）信息化管理系统

生产单位宜采用现代化的信息管理系统，并建立统一的编码规则和标识系统。信息化管理系统应与生产单位的生产工艺流程相匹配，贯穿整个生产过程，并应与构件BIM信息模型有接口，有利于在生产全过程中控制构件生产质量，精确算量，并形成生产全过程记录文件及影像。预制构件表面埋入带无线射频芯片的标识卡（RFID卡）有利于实现装配式建筑质量全过程控制和追溯，芯片中应存入生产过程及质量控制全部相关信息（图4.52）。

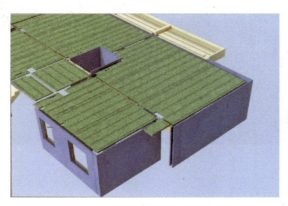

图4.52　装配式建筑信息化模型

3）设计文件交底与会审

预制构件生产前,应由建设单位组织设计、生产、施工单位进行设计文件交底和会审。必要时,应根据批准的设计文件、拟订的生产工艺、运输方案、吊装方案等编制加工详图。

加工详图是当原设计文件深度不够,不足以指导生产时,由生产单位或专业公司补充提供的施工图纸。加工详图常包括:预制构件模具图、配筋图;满足建筑、结构和机电设备等专业要求和预制构件制作、运输、安装等环节要求的预埋件布置图;面砖和石材的排板图,夹芯保温外墙板的内外叶拉结件布置图和保温板排板图等。如加工详图与设计文件意图不同,应经原设计单位认可。

4）生产方案

预制构件生产前应编制生产方案,生产方案宜包括生产计划、生产工艺、模具方案及计划、技术质量控制措施、成品存放、运输和保护方案等。必要时,应对预制构件脱模、吊运、码放、翻转及运输等工况进行计算。冬期生产时,可按照冬期施工有关规定编制生产方案。

5）试验检测能力

生产单位的检测、试验、张拉、计量等设备及仪器仪表均应检定合格,并应在有效期内使用,不具备试验能力的检验项目应委托第三方检测机构进行试验。

在预制构件生产质量控制中需要进行有关钢筋、混凝土和构件成品等的日常试验和检测,预制构件企业应配备开展日常试验检测工作的试验室,生产单位试验室应满足产品生产用原材料必试项目的试验检测要求,其他试验检测项目可委托有资质的检测机构进行(图4.53)。

图4.53　预制构件企业试验室

6）首件验收制度

预制构件生产宜建立首件验收制度。首件验收制度是指结构较复杂的预制构件或新型构件首次生产或间隔较长时间重新生产时,生产单位需会同建设单位、设计单位、施工单位、监理单位共同进行首件验收,重点检查模具、构件、预埋件、混凝土浇筑成型中存在的问题,确认该批预制构件生产工艺是否合理,质量能否得到保障,共同验收合格后方可批量生产。

7) 原材料检验

预制构件的原材料质量、钢筋加工和连接的力学性能、混凝土强度、构件结构性能、装饰材料、保温材料及拉结件的质量等均应根据国家现行有关标准进行检查和检验,并应具有生产操作规程和质量检验记录。

8) 构件检验

预制构件生产的质量检验应按模具、钢筋、混凝土、预应力、预制构件等检验进行。预制构件的质量评定应分钢筋、混凝土、预应力、预制构件的试验、检验资料等项目进行。当上述各检验项目的质量均合格时,方可评定为合格产品。检验时对新制或改制后的模具应按件检验,对重复使用的定型模具、钢筋半成品和成品应分批随机抽样检验,对混凝土性能应按批检验。模具、钢筋、混凝土、预制构件制作、预应力施工等质量,均应在生产班组自检、互检和交接检的基础上,由专职检验员进行检验。

9) 构件表面标识

预制构件和部品经检查合格后,宜设置表面标识。预制构件的表面标识宜包括构件编号、制作日期、合格状态、生产单位等信息。

10) 质量证明文件

预制构件和部品出厂时,应出具质量证明文件。目前,有些地方的预制构件生产实行了监理驻厂监造制度,应根据各地方技术发展水平细化预制构件生产全过程监测制度,驻厂监理应在出厂质量证明文件上签字。

4.6.2　预制混凝土构件生产质量控制与验收

生产过程的质量控制是预制构件质量控制的关键环节,需要做好生产过程各个工序的质量控制、隐蔽工程验收、质量评定和质量缺陷的处理等工作。预制构件生产企业应配备满足工作需求的质量员,质量员应具备相应的工作能力并经水平检测合格。

在预制构件生产之前,应对各工序进行技术交底,上道工序未经检查验收合格,不得进行下道工序。混凝土浇筑前,应对模具组装、钢筋及网片安装、预留及预埋件布置等内容进行检查验收。工序检查由各工序班组自行检查,检查数量为全数检查,应做好相应的检查记录。

1) 模具组装的质量控制与验收

(1) 一般规定

预制构件生产应根据生产工艺、产品类型等制定模具方案,应建立健全模具验收、使用制度。模具应具有足够的强度、刚度和整体稳固性,并应符合下列规定:

①模具应装拆方便,并应满足预制构件质量、生产工艺和周转次数等要求。

②结构造型复杂、外型有特殊要求的模具应制作样板,经检验合格后方可批量制作。

③模具各部件之间应连接牢固,接缝应紧密,附带的埋件或工装应定位准确,安装牢固。

④用作底模的台座、胎模、地坪及铺设的底板等应平整光洁,不得有下沉、裂缝、起砂和起鼓。

⑤模具应保持清洁,涂刷脱模剂、表面缓凝剂时应均匀、无漏刷、无堆积,且不得沾污钢筋,不得影响预制构件外观效果。

⑥应定期检查侧模、预埋件和预留孔洞定位措施的有效性;应采取防止模具变形和锈蚀的措施;重新启用的模具应检验合格后方可使用。

⑦模具与平模台间的螺栓、定位销、磁盒等固定方式应可靠,防止混凝土振捣成型时造成模具偏移和漏浆。

模具组装前,首先需根据构件制作图核对模板的尺寸是否满足设计要求;然后对模板几何尺寸进行检查,包括模板与混凝土接触面的平整度、板面弯曲、拼装接缝等;再次对模具的观感进行检查,接触面不应有划痕、锈渍和氧化层脱落等现象。

（2）预制构件模具尺寸偏差和检验方法

预制构件模具尺寸偏差和检验方法应符合表4.1的规定。其中,模具组装缝隙、端模与侧模高低差的检验方法参见图4.54。

表4.1　预制构件模具尺寸允许偏差及检验方法

项次	检验项目、内容		允许偏差（mm）	检验方法
1	长度	≤6 m	1,−2	用尺量平行构件高度方向,取其中偏差绝对值较大处
		>6 m且≤12 m	2,−4	
		>12 m	3,−5	
2	宽度、高(厚)度	墙板	1,−2	用尺测量两端或中部,取其中偏差绝对值较大处
3		其他构件	2,−4	
4	底模表面平整度		2	用2 m靠尺和塞尺量
5	对角线差		3	用尺量对角线
6	侧向弯曲		$L/1\ 500$且≤5	拉线,用钢尺量测侧向弯曲最大处
7	翘曲		$L/1\ 500$	对角拉线测量交点间距离值的两倍
8	组装缝隙		1	用塞片或塞尺量测,取最大值
9	端模与侧模高低差		1	用钢尺量

注:L为模具与混凝土接触面中最长边的尺寸。

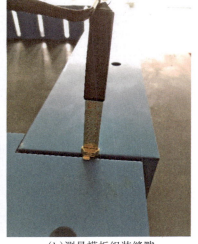

(a)测量端模与侧模高差　　　　(b)测量模板组装缝隙

图4.54　模具尺寸检验方法

（3）预埋件、预留孔洞安装允许偏差和检验方法

构件上的预埋件和预留孔洞宜通过模具进行定位，并安装牢固，其安装偏差应符合表4.2的规定。

表4.2　模具上预埋件、预留孔洞安装允许偏差

项次	检验项目		允许偏差（mm）	检验方法
1	预埋钢板、建筑幕墙用槽式预埋组件	中心线位置	3	用尺量测纵横两个方向的中心线位置，取其中较大值
		平面高差	±2	钢直尺和塞尺检查
2	预埋管、电线盒、电线管水平和垂直方向的中心线位置偏移、预留孔、浆锚搭接预留孔（或波纹管）		2	用尺量测纵横两个方向的中心线位置，取其中较大值
3	插筋	中心线位置	3	用尺量测纵横两个方向的中心线位置，取其中较大值
		外露长度	+10,0	用尺量测
4	吊环	中心线位置	3	用尺量测纵横两个方向的中心线位置，取其中较大值
		外露长度	0,−5	用尺量测
5	预埋螺栓	中心线位置	2	用尺量测纵横两个方向的中心线位置，取其中较大值
		外露长度	+5,0	用尺量测
6	预埋螺母	中心线位置	2	用尺量测纵横两个方向的中心线位置，取其中较大值
		平面高差	±1	钢直尺和塞尺检查

续表

项次	检验项目		允许偏差(mm)	检验方法
7	预留洞	中心线位置	3	用尺量测纵横两个方向的中心线位置,取其中较大值
		尺寸	+3,0	用尺量测纵横两个方向尺寸,取其中较大值
8	灌浆套筒及连接钢筋	灌浆套筒中心线位置	1	用尺量测纵横两个方向的中心线位置,取其中较大值
		连接钢筋中心线位置	1	用尺量测纵横两个方向的中心线位置,取其中较大值
		连接钢筋外露长度	+5,0	用尺量测

(4)门窗框安装允许偏差和检验方法

预制构件中预埋门窗框时,应在模具上设置限位装置进行固定,并应逐件检验。门窗框安装偏差和检验方法应符合表4.3的规定。

表4.3　门窗框安装允许偏差和检验方法

项目		允许偏差(mm)	检验方法
锚固脚片	中心线位置	5	钢尺检查
	外露长度	+5,0	钢尺检查
门窗框位置		2	钢尺检查
门窗框高、宽		±2	钢尺检查
门窗框对角线		±2	钢尺检查
门窗框的平整度		2	靠尺检查

2)预制构件质量控制与验收

(1)外观质量检查

预制构件生产时应采取措施避免出现外观质量缺陷。外观质量缺陷根据其影响结构性能、安装和使用功能的严重程度,可按表4.4规定划分为严重缺陷和一般缺陷。

预制构件出模后应及时对其外观质量进行全数目测检查。预制构件外观质量不应有缺陷,对已经出现的严重缺陷应制订技术处理方案进行处理并重新检验,对出现的一般缺陷应进行修整并达到合格。

表4.4 构件外观质量缺陷分类

名称	现象	严重缺陷	一般缺陷
露筋	构件内钢筋未被混凝土包裹而外露	纵向受力钢筋有露筋	其他钢筋有少量露筋
蜂窝	混凝土表面缺少水泥砂浆而形成石子外露	构件主要受力部位有蜂窝	其他部位有少量蜂窝
孔洞	混凝土中孔穴深度和长度均超过保护层厚度	构件主要受力部位有孔洞	其他部位有少量孔洞
夹渣	混凝土中夹有杂物且深度超过保护层厚度	构件主要受力部位有夹渣	其他部位有少量夹渣
疏松	混凝土中局部不密实	构件主要受力部位有疏松	其他部位有少量疏松
裂缝	缝隙从混凝土表面延伸至混凝土内部	构件主要受力部位有影响结构性能或使用功能的裂缝	其他部位有少量不影响结构性能或使用功能的裂缝
连接部位缺陷	构件连接处混凝土缺陷及连接钢筋、连结件松动,插筋严重锈蚀、弯曲、灌浆套筒堵塞、偏位、灌浆孔洞堵塞、偏位、破损等缺陷	连接部位有影响结构传力性能的缺陷	连接部位有基本不影响结构性能的缺陷
外形缺陷	缺棱掉角、棱角不直、翘曲不平、飞边凸肋等,装饰面砖黏结不牢、表面不平、砖缝不顺直等	清水或具有装饰的混凝土构件内有影响使用功能或装饰效果的外形缺陷	其他混凝土构件有不影响使用功能的外形缺陷
外表缺陷	构件表面麻面、掉皮、起砂、沾污等	具有重要装饰效果的清水混凝土构件有外表缺陷	其他混凝土构件有不影响使用功能的外表缺陷

（2）尺寸偏差控制与验收

预制构件不应有影响结构性能、安装和使用功能的尺寸偏差。对超过尺寸允许偏差且影响结构性能的安装、使用功能的部位应经原设计单位认可,制定技术处理方案进行处理,并重新检查验收。

预制构件尺寸偏差及预留孔、预留洞、预埋件、预留插筋、键槽位置和检验方法应符合表4.5—表4.8的规定。预制构件有粗糙面时,与预制构件粗糙面相关的尺寸允许偏差可放宽1.5倍。

表4.5 预制楼板类构件外形尺寸允许偏差及检验方法

项次	检查项目			允许偏差（mm）	检验方法
1	规格尺寸	长度	＜12 m	±5	用尺量两端及中间部,取其中偏差绝对值较大值
			≥12 m且＜18 m	±10	
			≥18 m	±20	
2		宽度		±5	用尺量两端及中间部,取其中偏差绝对值较大值

续表

项次	检查项目			允许偏差（mm）	检验方法
3	规格尺寸	厚度		±5	用尺量板四角和四边中部位置共8处，取其中偏差绝对值较大值
4		对角线差		6	在构件表面，用尺量测两对角线的长度，取其绝对值的差值
5	外形	表面平整度	内表面	4	用2m靠尺安放在构件表面上，用楔形塞尺量测靠尺与表面之间的最大缝隙
			外表面	3	
6		楼板侧向弯曲		L/750 且≤20 mm	拉线，钢尺量最大弯曲处
7		扭翘		L/750	四对角拉两条线，量测两线交点之间的距离，其值的2倍为扭翘值
8	预埋部件	预埋钢板	中心线位置偏差	5	用尺量测纵横两个方向的中心线位置，取其中较大值
			平面高差	0，-5	用尺紧靠在预埋件上，用楔形塞尺量测预埋件平面与混凝土面的最大缝隙
9		预埋螺栓	中心线位置偏移	2	用尺量测纵横两个方向的中心线位置，取其中较大值
			外露长度	+10，-5	用尺量
10		预埋线盒、电盒	与构件平面的水平方向中心位置偏差	10	用尺量
			与构件表面混凝土偏差	0，-5	用尺量
11	预留孔	中心线位置偏移		5	用尺量测纵横两个方向的中心线位置，取其中较大值
		孔尺寸		±5	用尺量测纵横两个方向尺寸，取其中较大值
12	预留洞	中心线位置偏移		5	用尺量测纵横两个方向的中心线位置，取其中较大值
		洞口尺寸、深度		±5	用尺量测纵横两个方向尺寸，取其中较大值
13	预留插筋	中心线位置偏移		3	用尺量测纵横两个方向的中心线位置，取其中较大值
		外露长度		±5	用尺量
14	吊环、木砖	中心线位置偏移		10	用尺量测纵横两个方向的中心线位置，取其中较大值
		留出高度		0，-10	用尺量
15		桁架钢筋高度		+5，0	用尺量

表4.6　预制墙板类构件外形尺寸允许偏差及检验方法

项次	检查项目			允许偏差（mm）	检验方法
1	规格尺寸	高度		±4	用尺量两端及中间部,取其中偏差绝对值较大值
2		宽度		±4	用尺量两端及中间部,取其中偏差绝对值较大值
3		厚度		±3	用尺量板四角和四边中部位置共8处,取其中偏差绝对值较大值
4	对角线差			5	在构件表面,用尺量测两对角线的长度,取其绝对值的差值
5	表面平整度	内表面		4	用2 m靠尺安放在构件表面上,用楔形塞尺量测靠尺与表面之间的最大缝隙
		外表面		3	
6	外形	侧向弯曲		$L/1\,000$ 且≤20 mm	拉线,钢尺量最大弯曲处
7		扭翘		$L/1\,000$	四对角拉两条线,量测两线交点之间的距离,其值的2倍为扭翘值
8	预埋部件	预埋钢板	中心线位置偏移	5	用尺量测纵横两个方向的中心线位置,取其中较大值
			平面高差	0,-5	用尺紧靠在预埋件上,用楔形塞尺量测预埋件平面与混凝土面的最大缝隙
9		预埋螺栓	中心线位置偏移	2	用尺量测纵横两个方向的中心线位置,取其中较大值
			外露长度	+10,-5	用尺量
10		预埋套筒、螺母	中心线位置偏移	2	用尺量测纵横两个方向的中心线位置,取其中较大值
			平面高差	0,-5	用尺紧靠在预埋件上,用楔形塞尺量测预埋件平面与混凝土面的最大缝隙
11	预留孔	中心线位置偏移		5	用尺量测纵横两个方向的中心线位置,取其中较大值
		孔尺寸		±5	用尺量测纵横两个方向尺寸,取其最大值
12	预留洞	中心线位置偏移		5	用尺量测纵横两个方向的中心线位置,取其中较大值
		洞口尺寸、深度		±5	用尺量测纵横两个方向尺寸,取其最大值
13	预留插筋	中心线位置偏移		3	用尺量测纵横两个方向的中心线位置,取其中较大值
		外露长度		±5	用尺量
14	吊环、木砖	中心线位置偏移		10	用尺量测纵横两个方向的中心线位置,取其中较大值
		与构件表面混凝土高差		0,-10	用尺量
15	键槽	中心线位置偏移		5	用尺量测纵横两个方向的中心线位置,取其中较大值
		长度、宽度		±5	用尺量
		深度		±5	用尺量

续表

项次	检查项目		允许偏差 （mm）	检验方法
16	灌浆套筒及连接钢筋	灌浆套筒中心线位置	2	用尺量测纵横两个方向的中心线位置,取其中较大值
		连接钢筋中心线位置	2	用尺量测纵横两个方向的中心线位置,取其中较大值
		连接钢筋外露长度	+10,0	用尺量

表4.7　预制梁柱桁架类构件外形尺寸允许偏差及检验方法

项次	检查项目			允许偏差 （mm）	检验方法
1	规格尺寸	长度	＜12 m	±5	用尺量两端及中间部,取其中偏差绝对值较大值
			≥12 m且＜18 m	±10	
			≥18 m	±20	
2		宽度		±5	用尺量两端及中间部,取其中偏差绝对值较大值
3		高度		±5	用尺量四角和四边中部位置共8处,取其中偏差绝对值较大值
4	表面平整度			4	用2 m靠尺安放在构件表面上,用楔形塞尺量测靠尺与表面之间的最大缝隙
5	侧向弯曲	梁柱		$L/750$ 且≤20 mm	拉线,钢尺量最大弯曲处
		桁架		$L/1\,000$ 且≤20 mm	
6	预埋部件	预埋钢板	中心线位置偏移	5	用尺量测纵横两个方向的中心线位置,取其中较大值
			平面高差	0,-5	用尺紧靠在预埋件上,用楔形塞尺量测预埋件平面与混凝土面的最大缝隙
7		预埋螺栓	中心线位置偏移	2	用尺量测纵横两个方向的中心线位置,取其中较大值
			外露长度	+10,-5	用尺量
8	预留孔	中心线位置偏移		5	用尺量测纵横两个方向的中心线位置,取其中较大值
		孔尺寸		±5	用尺量测纵横两个方向尺寸,取其最大值
9	预留洞	中心线位置偏移		5	用尺量测纵横两个方向的中心线位置,取其中较大值
		洞口尺寸、深度		±5	用尺量测纵横两个方向尺寸,取其最大值
10	预留插筋	中心线位置偏移		3	用尺量测纵横两个方向的中心线位置,取其中较大值
		外露长度		±5	用尺量
11	吊环	中心线位置偏移		10	用尺量测纵横两个方向的中心线位置,取其中较大值
		留出高度		0,-10	用尺量
12	键槽	中心线位置偏移		5	用尺量测纵横两个方向的中心线位置,取其中较大值
		长度、宽度		±5	用尺量

续表

项次	检查项目		允许偏差（mm）	检验方法
12	键槽	深度	±5	用尺量
13	灌浆套筒及连接钢筋	灌浆套筒中心线位置	2	用尺量测纵横两个方向的中心线位置,取其中较大值
		连接钢筋中心线位置	2	用尺量测纵横两个方向的中心线位置,取其中较大值
		连接钢筋外露长度	+10,0	用尺量测

表4.8　装饰构件外观尺寸允许偏差及检验方法

项次	装饰种类	检查项目	允许偏差(mm)	检验方法
1	通用	表面平整度	2	2 m靠尺或塞尺检查
2	面砖、石材	阳角方正	2	用托线板检查
3		上口平直	2	拉通线用钢尺检查
4		接缝平直	3	用钢尺或塞尺检查
5		接缝深度	±5	用钢尺或塞尺检查
6		接缝宽度	±2	用钢尺检查

4.6.3　预制构件的资料与交付

1)预制构件资料

预制构件的资料应与产品生产同步形成、收集和整理,归档资料宜包括以下内容:

①预制混凝土构件加工合同(委托文件);

②预制混凝土构件加工图纸、设计文件、设计洽商、变更或交底文件;

③生产方案和质量计划等文件;

④原材料质量证明文件、复试试验记录和试验报告;

⑤混凝土试配资料;

⑥混凝土配合比通知单;

⑦混凝土开盘鉴定;

⑧混凝土强度报告;

⑨钢筋检验资料、钢筋接头的试验报告;

⑩模具检验资料;

⑪预应力施工记录;

⑫混凝土浇筑记录;

⑬混凝土养护记录;

⑭构件检验记录;

⑮构件性能检测报告;

⑯构件出厂合格证(图4.55);

表　预制构件出厂合格证(范本)

预制混凝土构件出厂合格证			资料编号		
工程名称及使用部位			合格证编号		
构件名称		型号规格		供应数量	
制造厂家			企业等级证		
标准图号或设计图纸号			混凝土设计强度等级		
混凝土浇筑日期		至	构件出厂日期		
性能检验评定结果	混凝土抗压强度		主筋		
	试验编号	达到设计强度(%)	试验编号	力学性能	工艺性能
	外观		面层装饰材料		
	质量状况	规格尺寸	试验编号		试验结论
	保温材料		保温连接件		
	试验编号	试验结论	试验编号		试验结论
	钢筋连接套筒		结构性能		
	试验编号	试验结论	试验编号		试验结论
备注					结论:
供应单位技术负责人		填表人			供应单位 名称(盖章)
填表日期:					

图4.55　预制构件出厂合格证范本

⑰质量事故分析和处理资料;

⑱其他与预制混凝土构件生产和质量有关的重要文件资料。

预制构件产品资料归档除应包括产品质量形成过程中的有关依据和记录,具体归档资料还应满足不同工程对其资料归档的具体要求。

2)预制构件交付

预制构件交付的产品质量证明文件应包括以下内容:

①出厂合格证;

②混凝土强度检验报告;

③钢筋套筒等其他构件钢筋连接类型的工艺检验报告;

④合同要求的其他质量证明文件。

当设计有要求或合同约定时,还应提供混凝土抗渗、抗冻等约定性能的试验报告。

课后习题

一、单选题

1.预制构件模具组装前,模具组装人员应对(　　)等进行检查,确定其是否齐全。

A.组装场地　　　　B.模具配件　　　　C.钢筋　　　　D.起吊设备

2.预制混凝土夹心保温外墙板构件采用平模工艺生产时,构件需要(　　)次浇筑成型。

A.1　　　　B.2　　　　C.3　　　　D.4

3.预制构件生产时,涂刷缓凝剂的作用是(　　)。

A.便于脱模　　　　B.提高构件强度　　　　C.保证构件粗糙面形成　　　D.清理模具

4.下列不属于预制构件粗糙面常用处理工艺的是(　　)。

A.水洗法　　　　B.拉毛　　　　C.凿毛　　　　D.喷砂

5.当预制构件粗糙面采用涂刷缓凝剂工艺时,预制构件脱模后应及时进行(　　),露出骨料。

A.凿毛　　　　B.喷砂　　　　C.拉毛处理　　　　D.高压水冲洗

6.预制构件生产员工应根据岗位要求进行(　　)培训。

A.专业技能岗位　　　B.招聘要求　　　　C.科技研发　　　　D.施工图设计

7.预制构件和部品经检查合格后,宜设置(　　)。预制构件和部品出厂时,应出具质量证明文件。

A.合格证　　　　B.工序标识　　　　C.表面标识　　　　D.存放标识

8.《装配式混凝土结构技术规程》(JGJ 1—2014)规定,靠放架堆放或运输墙板时,构件与地面的倾斜角度宜大于(　　)。

A.30°　　　　B.45°　　　　C.60°　　　　D.80°

9.预制构件堆放储存要求存放场地应平整、(　　)、应有排水措施。

A.清洁　　　　B.坚实　　　　C.牢固　　　　D.宽敞

10.预制构件运输大多数采用(　　)。

A.吊运法　　　　B.立运法　　　　C.平运法　　　　D.特殊法

二、多选题

1.对于预制构件存放,下列说法正确的是(　　)。

A.存放场地应平整、坚实,并应有排水措施

B.存放库区域宜分区管理和信息化台账管理

C.构件编码应按照品种、规格型号、检验状态分类存放

D.构件码放应合理设置垫块支点位置

2.预制构件生产的工序主要包括(　　)。

A.钢筋加工　　　　B.模板组装　　　　C.混凝土浇筑　　　　D.蒸汽养护

3.预制构件脱模后,对构件应进行保护,下列说法正确的是(　　)。

A.构件外露保温板应采取防止开裂的措施

B.构件外露钢筋应采取防弯折措施

C.钢筋连接套筒、预埋孔洞应采取防止堵塞的临时封堵措施

D.预制混凝土构件不需要保护措施

三、判断题

1.预制构件模具应保持清洁,涂刷脱模剂、缓凝剂时应均匀,无漏刷、无堆积,且不得沾污钢筋,不得影响预制构件外观效果。　　　　　　　　　　　　　　(　　)

2.预制构件上的预留埋件和预留孔洞宜通过模具进行定位,并安装牢固。　(　　)

3.构件堆放场地应压实平整,可不必考虑排水措施。　　　　　　　　(　　)

4.预制混凝土模具的底模面板和侧模面板拼接可采用点焊进行焊接。　(　　)

第5章　装配式混凝土建筑施工

教学目标：

1. 了解装配式建筑施工企业建设的主要内容；

2. 了解装配式建筑施工现场规划的主要原则和因素；

3. 掌握预制构件吊装的工艺技术；

4. 掌握套筒灌浆连接的工艺技术；

5. 掌握预制构件现浇连接的工艺技术；

6. 了解装配化装修。

素质目标：

1. 尊重科学，尊重规律；

2. 乐观积极，勤奋质朴；

3. 严谨务实，工匠精神；

4. 服从指挥，甘于奉献。

5.1　施工企业建设

装配式混凝土建筑施工企业应建立完善的企业管理制度，并应积极引进先进的项目施工技术与管理措施。

5.1.1　企业制度建设

1）建立人才培养及选拔制度

施工单位应根据装配式混凝土建筑工程的特点来配置组织机构和人员。施工作业人员应具备岗位需要的基础知识和技能。施工企业应对管理人员及作业人员进行专项培训，严禁未培训上岗及培训不合格者上岗；要建立完善的内部教育和考核制度，通过定期考核和劳动竞赛等形式提高职工素质。对于长期从事装配式混凝土建筑施工的企业，应逐步建立专业化的施工队伍(图5.1)。

图5.1　装配式建筑施工企业人员培训

2)建立施工组织设计管理制度

装配式混凝土建筑应结合设计、生产、装配一体化的原则整体策划,协同建筑、结构、机电、装饰装修等专业要求,制订施工组织设计。施工组织设计应体现管理组织方式吻合装配工法的特点,以发挥装配技术优势为原则。

3)建立专项施工方案管理制度

装配式混凝土结构施工应制定专项方案。装配式混凝土结构施工方案应全面系统,且应结合装配式建筑的特点和一体化建造的具体要求,满足资源节省、人工减少、质量提高、工期缩短的原则。专项施工方案宜包括以下内容:

①工程概况。应包括工程名称、地址;建筑规模和施工范围;建设单位、设计单位、施工单位、监理单位信息;质量和安全目标。

②编制依据。指导安装所必需的施工图(包括构件拆分图和构件布置图)和相关的国家标准、行业标准、部颁标准,省和地方标准及强制性条文与企业标准等。

工程设计结构及建筑特点:阐明结构安全等级、抗震等级、地质水文、地基与基础结构以及消防、保温等要求。同时,要重点说明装配式结构的体系形式和工艺特点,对工程难点和关键部位要有清晰的预判。

工程环境特征:明确场地供水、供电、排水的情况;详细说明与装配式结构紧密相关的气候条件:雨、雪、风特点;对构件运输影响大的道路桥梁的情况。

③进度计划。进度计划应结合协同构件的生产计划和运输计划等。

④施工场地布置。施工场地布置包括场内循环通道、吊装设备布设、构件码放场地等。

⑤预制构件运输与存放。预制构件运输方案包括车辆型号及数量、运输路线、发货安排、现场装卸方法等。

⑥安装与连接施工。安装与连接施工包括测量方法、吊装顺序和方法、构件安装方法、节点施工方法、防水施工方法、后浇混凝土施工方法、全过程的成品保护及修补措施等。

⑦绿色施工。

⑧安全管理。安全管理包括吊装安全措施、专项施工安全措施等。

⑨质量管理。质量管理包括构件安装的专项施工质量管理,渗漏、裂缝等质量缺陷防治

措施。

⑩信息化管理。

⑪应急预案。

4) 安全管理保障制度

装配式混凝土建筑施工过程中应采取安全措施，并应符合国家现行有关标准的规定。装配式混凝土建筑施工中，应建立健全安全管理保障体系和管理制度，对危险性较大分部分项工程应经专家论证通过后进行施工。应结合装配施工特点，针对构件吊装、安装施工安全要求，制定系列安全专项方案。

5) 建立图纸会审制度

图纸会审是指工程各参建单位（建设单位、监理单位、施工单位、各种设备厂家等）在收到设计院施工图设计文件后，对图纸进行全面细致的熟悉，审查出施工图中存在的问题及不合理情况等并提交设计院进行处理的一项重要活动。

对于装配式混凝土建筑的图纸会审应重点关注以下几个方面：

①装配式结构体系的选择和创新应该得到专家论证，深化设计图应该符合专家论证的结论。

②对于装配式结构与常规结构的转换层，其固定墙部分需与预制墙板灌浆套筒对接的预埋钢筋的长度和位置。

③墙板间边缘构件竖缝主筋的连接和箍筋的封闭，后浇混凝土部位粗糙面和键槽。

④预制墙板之间上部叠合梁对接节点部位的钢筋（包括锚固板）搭接是否存在矛盾。

⑤外挂墙板的外挂节点做法、板缝防水和封闭做法。

⑥水、电线管盒的预埋、预留，预制墙板内预埋管线与现浇楼板的预埋管线的衔接。

6) 建立技术交底、安全交底制度

技术交底的内容包括图纸交底、施工组织设计交底、设计变更交底、分项工程技术交底。技术交底采用三级制，即项目技术负责人→施工员→班组长。项目技术负责人向施工员进行交底，要求细致、齐全，并应结合具体操作部位、关键部位的质量要求、操作要点及安全注意事项等进行交底。

施工员接受交底后，应反复、细致地向操作班组进行交底，除口头和文字交底外，必要时应进行图表、样板、示范操作等方法的交底。班组长在接受交底后，应组织工人进行认真讨论，保证其明确施工意图。

坚持组织现场施工人员落实每日班前会制度，与此同时进行安全教育和安全交底，做到安全教育天天讲，安全意识念念不忘。

5.1.2　技术与管理措施

1)规范使用个人安全防护设备

建筑产业工人在工地现场工作,应正确佩戴个人安全防护设备。个人安全防护设备主要有安全帽、安全带、建筑工作服等。

(1)安全帽

安全帽是建筑施工现场最重要的安全防护设备之一,可在遭遇刮碰、物体打击、坠落时有效的保护使用者头部。

为了在发生意外时使安全帽发挥最大的保护作用,现场人员必须正确佩戴安全帽。佩戴前需调节缓冲衬垫的松紧,保证头部与帽顶内侧有足够的撞击缓冲空间。此外,佩戴安全帽必须系紧下颚带,不准将安全帽歪戴于脑后;留长发的作业人员须将长发卷进安全帽内。现场的安全帽应有专人负责,定期检查安全帽质量,不合要求的安全帽不应作为防护用品使用(图5.2)。

(2)安全带

安全带是高处作业工人预防坠落伤亡事故的个人防护用品,被广大建筑工人誉为救命带(图5.3)。高处作业工人必须正确佩戴安全带。佩戴前应认真检查安全带的质量,有严重磨损、开丝、断绳股或缺少部件的安全带不得使用。佩戴时应将钩、环挂牢,卡子扣紧。安全带应垂直悬挂,不得高挂低用,应将钩挂在牢固物体上,并避开尖刺物、远离明火。高处作业时严禁工人只佩不挂安全带。

图5.2　正确佩戴安全帽

图5.3　安全带

(3)建筑工作服

建筑工人进行现场施工作业时应穿着建筑工作服(图5.4)。建筑工作服一般来说具有耐磨、耐脏、吸汗、透气等特点,适合现场作业。特殊工种的工作服还会有防火、耐高温、防辐射等作用。建筑工作服多为蓝色、灰色、橘色等显眼的颜色,可更好地起到安全警示作用。

2)采用工装系统

装配式混凝土建筑施工宜采用工具化、标准化的工装系统。工装系统是指装配式混凝土建筑吊装、安装过程中所用的工具化、标准化吊具、支撑架体等产品,包括标准化堆放架、模数化通用吊梁、框式吊梁、起吊装置、吊钩吊具、预制墙板斜支撑、叠合板独立支撑、支撑体系、模架体系、外围护体系、系列操作工具等产品。工装系统的定型产品及施工操作均应符合国家现行有关标准及产品应用技术于册的有关规定,在使用前应进行必要的施工验算(图5.5)。

图5.4 建筑工作服

图5.5 外防护架工装

3)应用信息化模拟技术

装配式混凝土建筑施工宜采用建筑信息模型技术对施工全过程及关键工艺进行信息化模拟。施工安装宜采用BIM组织施工方案,用BIM模型指导和模拟施工,制定合理的施工工序并精确算量,从而提高施工管理水平和施工效率,减少浪费。

4)积极合理采用"四新"技术

装配式混凝土建筑施工中采用的新技术、新工艺、新材料、新设备的"四新"技术,应按有关规定进行评审、备案。施工前,应对新的或首次采用的施工工艺进行评价,并应制订专门的施工方案。

5)严格执行预制构件试安装

装配式混凝土建筑施工前,宜选择有代表性的单元进行预制构件试安装,并应根据试安装结果及时调整施工工艺、完善施工方案。为避免由于设计或施工缺乏经验造成工程实施障碍或损失,保证装配式混凝土结构施工质量,并不断摸索和积累经验,特提出应通过试生产和试安装进行验证性试验。装配式混凝土结构施工前的试安装,对于没有经验的承包商非常必要,不但可以验证设计和施工方案,还可以培训人员、调试设备、完善方案。另外,对于没有实践经验的新的结构体系,应在施工前进行典型单元的安装试验,验证并完善方案实施的可行性,这对于体系的定型和推广使用,是十分重要的。

6)落实测量放线工作

安装施工前,应进行测量放线、设置构件安装定位标识。根据安装连接的精细化要求,控制合理误差。安装定位标识方案应按照一定顺序进行编制,标识点应清晰明确,定位顺序应便于查询标识。

7)落实吊装设备复核工作

安装施工前,应复核吊装设备的吊装能力,检查并复核吊装设备及吊具,确保处于安全操作状态,并核实现场环境、天气、道路状况等满足吊装施工要求。

8)落实已完结构和预制构件核对工作

安装施工前,应核对已施工完成结构、基础的外观质量和尺寸偏差,确认混凝土强度和预留预埋符合设计要求,并应核对预制构件的混凝土强度及预制构件和配件的型号、规格、数量等符合设计要求。

5.2　施工现场规划

构件堆放及
安全防护

5.2.1　预制构件堆场规划

装配式混凝土建筑工地应根据预制构件在工地存放的数量和时长,合理规划预制构件堆场。预制构件堆场的规划应合理考虑预制构件对堆放场地的要求和构件堆垛的要求(图5.6)。

图5.3　预制构件堆场

1)堆放场地要求

施工现场应根据施工平面规划设置运输通道和存放场地,并应符合下列规定:

①现场运输道路和存放场地应坚实平整,并应有排水措施。

②施工现场内道路应按照构件运输车辆的要求合理设置转弯半径及道路坡度。

③预制构件运送到施工现场后,应按规格、品种、使用部位、吊装顺序分别设置存放场地。存放场地应设置在吊装设备的有效起重范围内,且应在堆垛之间设置通道。

④构件运输和存放对已完成结构、基坑有影响时,应经计算复核。

2）堆垛要求

预制构件的堆垛宜符合下列要求：

①施工现场存放的构件，宜按照安装顺序分类存放；堆垛宜布置在吊车工作范围内且不受其他工序施工作业影响的区域；预制构件存放场地的布置应保证构件存放有序，安排合理，确保构件起吊方便且占地面积小。

②堆垛层数应根据构件与垫木或垫块的承载能力及堆垛的稳定性确定，必要时应设置防止构件倾覆的支架。

③预埋吊件应朝上，标识宜朝向堆垛间的通道。

④构件支垫应坚实，垫块在构件下的位置宜与脱模、吊装时的起吊位置一致。

⑤预制构件直立存放的存放工具主要有靠放架和插放架。采用靠放架直立存放的墙板宜对称靠放，饰面向外，构件与竖向垂直线的倾斜角不宜大于10°，对墙板类构件的连接止水条、高低扣和墙体转角等薄弱部位应加强保护（图5.7）；采用插放架应针对预制墙板的插放编制专项方案，插放架应满足强度、刚度和稳定性的要求，插放架必须设置防磕碰、防构件损坏、防倾倒、防变形、防下沉的保护措施（图5.8）。

图5.7 靠放架　　　　图5.8 插放架

5.2.2 起重吊装机械布局规划

装配式混凝土建筑工地现场装配施工作业，需要频繁使用起重吊装机械进行预制构件吊装作业、建筑材料垂直运输作业。因此，良好的起重吊装机械布局规划，对工地现场施工作业具有非常大的帮助和促进。

1）起重吊装机械简介

装配式建筑工程应根据作业条件和要求合理选择起重吊装机械。常用的起重吊装机械有塔式起重机、汽车起重机和履带起重机等。

（1）塔式起重机

塔式起重机简称塔机或塔吊，是主要通过装设在塔身上的动臂旋转、动臂上小车沿动臂行走从而实现起吊作业的起重设备（图5.9）。塔式起重机具有起重能力强、作业范围大等特点,广泛应用于建筑工程中。

　　建筑工程中,塔式起重机按架设方式分为固定式、附着式和内爬式。其中附着式塔式起重机是塔身沿竖向每间隔一段距离用锚固装置与近旁建筑物可靠连接的塔式起重机,目前高层建筑施工多采用附着式塔式起重机。对于装配式建筑,当采用附着式塔式起重机时,必须提前考虑附着锚固点的位置。附着锚固点应该选择在剪力墙边缘构件后浇混凝土部位,并考虑加强措施。

图5.9　塔式起重机

　　(2)汽车起重机

　　汽车起重机简称汽车吊,是安装在普通汽车底盘或特制汽车底盘上的一种起重机,其行驶驾驶室与起重操纵室分开设置(图5.10)。这种起重机机动性好,转移迅速。在装配式建筑工程中,汽车起重机主要用于低、多层建筑吊装作业和现场构件二次倒运,以及塔式起重机或履带吊的安装与拆卸等。使用时应注意,汽车起重机不得负荷行驶,不可在松软或泥泞的场地上工作,工作时必须伸出支腿并支稳。

图5.10　汽车起重机

（3）履带起重机

履带起重机是将起重作业部分安装在履带底盘上,行走依靠履带装置的移动式起重机（图5.11）。履带起重机具有起重能力强、接地比压小、转弯半径小、爬坡能力大、无需支腿、可带载行驶等优点,在装配式建筑工程中主要用于大型预制构件的装卸、大型塔式起重机的安装与拆卸以及塔式起重机吊装死角的吊装作业等。

图5.11　履带起重机

2）起重吊装机械布局规划原则

（1）起重吊装机械合理选型

起重吊装机械的型号决定了起重吊装机械的起重量、臂长幅度、起升高度等。在起重吊装机械的选型中应结合起重吊装机械的尺寸及起重量的特点,重点考虑工程施工过程中最重的预制构件对塔式起重机吊运能力的要求。应根据构件存放的位置、吊运的部位、与塔中心或停机位置的距离,确定具备相应的起重能力的起重吊装机械。确定起重吊装机械型号应留有余地,建议最大实际起重力矩控制在额定起重力矩的75%以下（图5.12）。

图5.12　选型合理的起重吊装机械

（2）起重吊装机械合理布置

布置塔式起重机时，塔臂应覆盖堆场构件，避免出现覆盖盲区，以减少预制构件的二次搬运。对含有主楼、裙房的高层建筑，塔臂应全面覆盖主体结构部分和堆场构件存放位置，裙楼力求塔臂全部覆盖。当出现难以解决的楼边覆盖时，可考虑采用临时租用汽车起重机解决裙房边角垂直运输问题，不宜盲目加大塔机型号，应认真进行技术经济比较分析后确定方案（图5.13）。

图5.13　装配式建筑施工现场塔式起重机布设

5.2.3　施工现场防火

1）管理制度

施工现场的防火工作，必须认真贯彻"预防为主，防消结合"的方针，立足于自防自救。施工企业应建立健全岗位防火责任制，实行"谁主管谁负责"原则，并落实层级消防责任制，落实各级防火负责人，各负其责。施工现场必须成立防火领导小组，由防火负责人任组长，定期开展防火安全工作。单位应对职工进行经常性的防火宣传教育，普及消防知识，增强消防观念。

2）现场作业的防火要求

施工现场应严格执行动火审批程序和制度。动火操作前必须提出申请，经单位领导同意及消防或安全技术部门检查批准后，领取动火证，再进行动火作业。变更动火地点和超过动火证有效时限的动火作业需重新申请动火证。

施工现场进行电焊、气焊、气割等作业时，必须确保操作人员具备相应的操作资格和能力。操作前应对现场易燃可燃物进行清除，并应注意用电安全，保证氧气瓶、乙炔瓶与明火点间的距离符合要求。作业时应留有看火人员监视现场安全。

工地现场应根据构件材料的耐火性能特点合理选择施工工艺。例如,夹芯保温外墙板的保温层材料普遍防火性能较差,故夹芯保温外墙板后浇混凝土连接节点区域的钢筋不得采用焊接连接,以免钢筋焊接作业时产生的火花引燃或损坏夹芯保温外墙板中的保温层。

3)材料存储的防火要求

施工现场应有专用的物品存放仓库,不得将在建工程当作仓库使用。严禁在库房内兼设办公室、休息室或更衣室、值班室以及进行各种加工作业等。

仓库内的物品应分类堆放,并保证不同性质物品间的安全距离。库房内严禁吸烟和使用明火。应根据物品的耐火性质确定库房内照明器具的功率,一般不宜超过60 W。仓库应保持通风良好、地面清洁。管理员应对仓库进行定期和不定期的巡查,并做到人走则断电锁门。

4)防火规划与设施

施工现场必须设置临时消防车道,其宽度不得小于3.5 m,并保持临时消防车道的畅通。消防车道应环状闭合或在尽头有满足要求的回车场。消防车道的地面必须作硬化处理,保证能够满足消防车通行的要求。

施工现场应按要求设置消防器材。灭火器、灭火沙箱等器材和设施的规格、数量和布局应满足要求(图5.14)。

图5.14　消防器材

5.2.4　文明施工

文明施工是指保持施工场地整洁卫生,施工组织科学,施工程序合理的一种施工活动。装配式混凝土建筑施工工地应达到文明施工的要求。施工单位文明施工是安全生产的重要组成部分,是社会发展对建筑行业提出的新要求。作为装配式混凝土建筑的施工工地,应该扎实的贯彻文明施工的要求。

1)现场围挡

施工现场应设置围挡,围挡的设置必须沿工地四周连续设置,不能有缺口。市区主要路段的工地应设置高度不小于 2.5 m 的封闭围挡;一般路段的工地应设置高度不小于 1.8 m 的封闭围挡。围挡应坚固、稳定、整洁、美观(图 5.15)。

图 5.15　现场围挡

2)封闭管理

施工现场进出口应设置大门(图 5.16),并应设置门卫值班室。值班室应配备门卫值守人员,建立门卫值守制度。施工人员进入施工现场应佩戴工作卡,非施工人员需验明证件并登记后方可进入。施工现场出入口应标有企业名称或标识,大门处应设置公示标牌"五牌一图",标牌应规范整齐,施工现场应有安全标语、宣传栏、读报栏、黑板报(图 5.17)。

图 5.16　工地大门

图 5.17　施工现场宣传栏

3）施工场地

施工现场道路应畅通，路面应平整坚实，主要道路及材料加工区地面应进行硬化处理（图 5.18）。施工现场应有防止扬尘的措施和排水设施。施工现场应加强对废水、污水的管理，现场应设置污水池和排水沟。废水、废弃涂料、胶料应统一处理，严禁未经处理直接排入下水管道。施工现场应设置专门的吸烟处，严禁随意吸烟。

图 5.18　场内道路

4）材料堆放

建筑材料、构件、料具要按总平面布置图的布局，分门别类堆放整齐，并挂牌标名。工完料净场地清，建筑垃圾也要分出类别、堆放整齐、挂牌标出名称。易燃易爆物品分类存放，专人保管。

5）现场办公与住宿

施工作业、材料存放区与办公、生活区应划分清晰，并应采取相应的隔离措施。在建工程内、伙房、库房不得兼作宿舍；宿舍应设置可开启式窗户，床铺不得超过 2 层，通道宽度不应小于 0.9 m；住宿人员人均面积不应小于 2.5 m²，且不得超过 16 人；冬季宿舍应有采暖和防一氧化碳中毒措施（图 5.19）。

6）治安综合治理

生活区内要为工人设置学习、娱乐场所。建立健全治安保卫制度和治安防范措施，并将责任分解到人，杜绝发生失盗事件。

7）生活设施

施工现场要建立卫生责任制，食堂要干净卫生，炊事人员要有健康证。要保证供应卫生饮水，为职工设置淋浴室、符合卫生标准的厕所，生活垃

图 5.19　工地宿舍内景

圾装入容器,及时清理,设专人负责(图5.20)。

图5.20　工地厕所

8)保健急救

施工现场要有经过培训的急救人员,要有急救器材和药品,制定有效的急救措施,开展卫生宣传教育活动。

9)社区服务

夜间施工时,应防止光污染、噪声污染等对周边居民的影响。现场施工产生的废弃物等应进行分类回收。施工中产生的胶粘剂、稀释剂等易燃易爆废弃物应及时收集至指定储存器内并按规定回收,严禁丢弃未经处理的废弃物。施工现场应采用控制噪声、扬尘等措施。

5.3　预制构件吊装

外墙吊装流程及控制要点

内墙吊装流程及控制要点

框架柱吊装流程及控制要点

5.3.1　竖向构件吊装

装配式混凝土建筑主体结构的竖向预制构件主要包括框架柱和剪力墙。预制框架柱构件和预制剪力墙板构件的吊装工艺基本相同。

1)施工准备

操作人员上岗前,需要按规定穿戴劳保工具。操作人员需正确佩戴安全帽,穿戴施工工装,佩戴工业手套,穿劳保鞋,戴好工业口罩,未按规定进行劳保工装穿戴的人员不得进入作业区。

2)构件检查与确认

对构件信息进行查验;使用钢直尺检查构件吊点位置;用打气筒或其他打气工具向预留的灌浆套筒的出浆孔打气,通过气压将灰尘碎屑从灌浆孔排出;用卷尺检查核对各个预埋件的位置。以上检查内容如有偏差需及时上报,如无偏差则进行下道工序。

3）结合面处理

结合面是指竖向预制构件吊装后与下层楼板相接触的楼板表面（图5.21）。吊装作业前需要对结合面进行处理。用锤子和凿子将结合面表面混凝二凿毛，用扫把将结合面处的杂物清扫干净，最后用洒水壶对结合面进行洒水湿润。

图5.21　结合面

4）预留钢筋处理

对构件吊装结合面处预留的竖向钢筋进行清理。首先用钢刷对钢筋表面进行除锈，然后用定位工装对钢筋位置和垂直度进行校准（图5.22），用卷尺对钢筋的预留长度进行校核，如有钢筋位置或垂直度出现影响吊装作业的偏差，则用扳手对钢筋进行校正；如预留钢筋过长则需截断，如预留钢筋过短则需接长（图5.23）。

图5.22　预留钢筋定位工装

图5.23　预制钢筋处理

5）画线

为了控制预制构件安装位置准确，吊装前需要进行画线作业。画线作业常用工具是卷尺和墨斗。一般而言，作业人员需要画出构件安装位置的中轴线或外轮廓线，但考虑这些位置的线会在构件吊装落位后被构件遮挡，无法利用其校核安装位置，因此，作业人员还需要在楼板上画出与结合面中轴线或外轮廓线平行、距结合面一定距离的控制线，用作基准校正后期构件的安装位置(图5.24)。

6)标高控制

吊装前需要对构件安装高度进行控制。首先在吊装作业区域选择合适位置作为测量参照点,并在参照点处立好标尺,将水准仪安置在合适的测量位置后,读取参照点处标高读数并记录(图5.25)。

图5.24　画线　　　　　　　　　　　　　图5.25　标高控制

在结合面处间隔放置两枚垫块(图5.26),将标尺分别立在两枚垫块上进行标高测量,并对测量数据进行记录。

图5.26　垫块

吊装作业需要预制构件底部与下层楼板间留设20 mm厚的空腔,空腔通过后期灌注灌浆料的方式填充。因此,应核对测量数据,保证垫块顶部与下层楼板面高差为20 mm,如不满足则需更换垫块。

7)接缝处理

对于带有保温层的预制墙、预制柱,需要在20 mm厚的空腔处、预制构件保温层投影位置放置保温材料,使得建筑整体的外保温连续、无冷桥。接缝处的保温材料通常采用橡塑棉条,铺设厚度与构件下空腔厚度相同,宽度、长度分别参照预制构件保温层材料的宽度、长度。

8）吊装

外墙吊装过程防碰撞

吊装剪力墙板时,选择墙板类吊具,上端与起重机械连接,下端与待吊装的预制构件的吊点连接。如吊装预制柱,则无需采用墙板类吊具,选择合适的吊装辅助工具即可。连接牢固后,操作起重机械使构件低速、匀速地上升,当上升至距离地面200～300 mm时停止上升,观察起重机稳定性,制动装置的可靠性,构件的平衡性和绑扎的牢固性,如存在安全隐患需及时调整排除,如构件状态良好则可继续上升,吊运至结合面附近(图5.27)。

图5.27　预制构件吊运

在结合面处预留钢筋附近摆放镜子,通过镜子观察构件底部灌浆套筒孔洞的位置,校正位置直至套筒孔洞与预留钢筋位置对应后,移出镜子,将构件落下(图5.28)。

图5.28　预制构件安装对位

需要强调的是,《装配式混凝土建筑技术标准》(GB 51231—2016)吊装作业安全规定:遇到雨、雪、雾天气,或者风力大于5级时,不得进行吊装作业。

9）斜支撑固定与调整

预制构件落下后,及时用斜支撑将其固定。用水平靠尺校核预制构件安装的垂直度;用卷尺测量构件边缘距离控制线的距离,从而校核构件安装位置是否准确。如有偏差,则需通过调整斜支撑对构件进行校正(图5.29)。

图5.29　斜支撑固定与调整

对于预制墙板,临时斜撑一般安放在其背后,且一般不少于两道;对于宽度比较小的墙板,也可仅设置1道斜撑。当墙板底部没有水平约束时,墙板的每道临时支撑包括上部斜撑和下部支撑,下部支撑可做成水平支撑或斜向支撑。对于预制柱,由于其底部纵向钢筋可以起到水平约束的作用,故一般仅设置上部支撑。柱的斜撑也最少要设置两道,且应设置在两个相邻的侧面上,水平投影相互垂直。

临时斜撑与预制构件一般做成铰接,并通过预埋件进行连接。考虑到临时斜撑主要承受的是水平荷载,为充分发挥其作用,对上部的斜撑,其支撑点距离板底的距离不宜小于板高的2/3,且不应小于高度的1/2。斜支撑与地面或楼面连接应可靠,不得出现连接松动引起竖向预制构件倾覆等。临时支撑尚应考虑支撑系统自身在施工荷载作用下的变形。

斜支撑安装并校正完成且复核无误后,即可拆除预制构件与吊具间的连接,然后将起吊机械复位。

10)工完料清

将水准仪等工具清理后归还,剩余的材料妥善处理,清扫垃圾后,完成操作。

5.3.2　水平构件吊装

1)工艺流程

装配式混凝土建筑主体结构的水平预制构件主要包括叠合板、

叠合板吊装流程及控制要点

框架结构叠合板吊装流程及控制要点

叠合梁、预制楼梯、预制阳台板、预制空调板等。水平预制构件的吊装工艺流程大体相同:施工准备→构件检查→定位放线→安装支撑系统→调整支撑系统→预制构件吊装→预制构件调整→预制构件复核→摘钩、工完料清。

2)叠合楼板吊装技术要点

叠合板的板底支撑应根据设计要求或施工方案设置,支撑标高除应符合设计规定外,还应考虑支撑本身的施工变形(图5.30)。

图5.30　叠合楼板底板支撑

叠合板应按照设计的吊点位置与起重吊装设备进行连接,不得随意改变位置或减少吊点数量。

叠合板的接缝宽度、搁置长度应满足设计要求,应注意校对叠合板的安装方向,避免安装错误。叠合板安装完成后应对板顶标高、板底高差进行校核。

叠合板上应按照图纸要求铺设设备管线并绑扎板上部钢筋(图5.31)。作业人员在叠合板上作业应控制施工荷载不超过设计规定,并应避免单个预制构件承受较大的集中荷载或冲击荷载。

图5.31　浇筑叠合层混凝土前的叠合楼板

框架梁吊装流程及控制要点

3)叠合梁吊装技术要点

钢筋混凝土叠合梁的吊装施工工艺与叠合楼板工艺类似。现场施工时应将相邻的叠合梁与叠合楼板协同安装,两者的叠合层混凝土同时浇筑,以保证建筑的整体性能。

叠合梁安装顺序宜遵循先主梁后次梁、先低后高的原则。安装前,应测量并修正临时支撑标高,确保支撑标高与梁底标高一致,并在柱上弹出梁边控制线。安装后根据控制线进行精密调整。安装时梁伸入支座的长度与搁置长度应符合设计要求。

叠合楼板、叠合梁等叠合构件应在后浇混凝土强度达到设计要求后,方可拆除底模和支撑。当设计无要求时,应按表5.1规定的要求执行。

表5.1　模板与支撑拆除时的后浇混凝土强度要求

构件类型	构件跨度(m)	达到设计混凝土强度等级值的百分率(%)
板	≤2	≥50
	>2,≤8	≥75
	>8	≥100
梁	≤8	≥75
	>8	≥100
悬臂构件		≥100

4)预制阳台板、空调板吊装技术要点

阳台板吊装流程及控制要点　空调板吊装流程及控制要点

预制阳台板吊装宜选用叠合板辅助吊具,预制空调板吊装可采用吊索直接吊装。吊装前,施工管理及操作人员应熟悉施工图纸,并按照吊装流程核对构件编号,确认安装位置,并标注吊装顺序。吊装时注意保护成品,以免阳台板、空调板与已安装墙体发生磕碰。阳台板吊装完成后,上部施工荷载不得超过 1.5 kN/m²,且施工荷载宜均匀布置(图5.32)。

图5.32　阳台板安装

5)预制楼梯吊装技术要点

楼梯吊装流程及控制要点　楼梯吊装过程防碰撞

为提高楼梯抗震性能,参照传统现浇结构的施工经验,结合装配式混凝土建筑施工特点,楼梯构件与主体结构多采用滑动式支座连接。滑动式楼梯上部与主体结构连接多采用固定式连接,下部与主体结构连接多采用滑动式连接。施工时应先固定上部固定端,后固定下部滑动端。

楼梯侧面距结构墙体宜预留 30 mm 空隙,为后续初装的抹灰层预留空间。梯井之间根据楼梯栏杆安装要求预留 40 mm 空隙。在楼梯段上下口梯梁处铺 20 mm 厚 C25 细石混凝土找平灰饼,找平层灰饼标高要控制准确。

预制楼梯采用水平吊装,用螺栓将通用吊耳与楼梯板预埋吊装内螺母连接。预制楼梯常采用四点起吊的方式,必要时亦可采用六点起吊(图5.33)。

图5.33　预制楼梯安装

5.3.3　构件吊装质量控制与安全管理

1)构件安装质量控制

装配式混凝土建筑预制构件安装质量控制,主要从施工前准备、原材料质量检验、施工工艺工序检验、隐蔽工程验收、结构实体检验等多方面进行。装配式混凝土建筑预制构件安装完毕后,预制构件安装尺寸允许偏差应符合表5.2的要求。

表5.2　预制构件安装尺寸的允许偏差及检验方法

项目			允许偏差(mm)	检验方法
构件中心线对轴线位置	基础		15	经纬仪及尺量
	竖向构件(柱、墙、桁架)		8	
	水平构架(梁、板)		5	
构件标高	梁、柱、墙、板底面或顶面		±5	水准仪或拉线、尺量
构件垂直度	柱、墙	≤6 m	5	经纬仪或吊线、尺量
		>6 m	10	
构件倾斜度	梁、桁架		5	经纬仪或吊线、尺量
相邻构件平整度	板端面		5	2 m靠尺和塞尺量测
	梁、板底面	外露	3	
		不外露	5	
	柱墙侧面	外露	5	
		不外露	8	
构件搁置长度	梁、板		±10	尺量
支座、支垫中心位置	板、梁、柱、墙、桁架		10	尺量
墙板接缝	宽度		±5	尺量

2)构件吊装安全管理

(1)塔式起重机管理与维护

塔式起重机日常管理应贯彻"人机固定"原则,实行定机、定人、定岗位责任的"三定"制度。操作人员必须认真执行各项规章制度,严格遵守操作规程,防止出现安全质量事故。塔式起重机操作属于特种作业,非专业人员不得擅自进入驾驶室操作机器。

新制或大修出厂及塔式起重机拆卸重新组装后,均应对塔式起重机进行检验。经有关部门检验合格后,塔式起重机方可正式投入使用。主要检验内容包括:

①起升限位器、力矩限位器必须灵活、可靠。

②吊钩、钢丝绳保险装置应完整、有效。

③塔式起重机零部件齐全,润滑系统正常。

④电缆、电线无破损或外裸,不脱钩、无松绳现象。

(2)塔式起重机安全操作

塔式起重机的工作环境温度为−20～+40 ℃,工作环境风速不应大于5级。如遇五级以上大风、暴雨、浓雾、雷暴等恶劣天气,不得进行起吊作业。夜间作业应有充足的照明。起重设备不允许在斜坡道上工作,不允许起重机两边高低相差太多。

塔式起重机司机应定期进行身体检查,严禁塔式起重机司机带病上岗或酒后工作。装配式建筑施工企业应配有充足数量的塔式起重机司机,保证塔式起重机司机得到足够的休息,不疲劳作业。

塔式起重机吊装作业时,现场应有专人指挥(图5.34)。指挥人员应位于塔式起重机司机视力所及地点。指挥人员可用对讲设备或旗语搭配哨音与塔式起重机司机交流,但必须保证指令明确及时。塔式起重机司机应精力集中,服从指挥。

图5.34　塔式起重机吊装专人指挥

(3)吊装作业区安全管理

吊装作业区应有明显标志,并设专人警戒,非吊装现场作业人员严禁入内。起重机工作时,起重臂下严禁站人,并应避免人员在吊车起重臂回转半径内停留。吊运预制构件时,构件下方严禁站人,应待预制构件降落至距地面1 m以内方准作业人员靠近。

5.4　套筒灌浆连接

5.4.1　套筒灌浆连接技术要点

1)工具与设备

套筒灌浆设备主要有用于搅拌注浆料的手持式电动搅拌器(图5.35)、用于计量水和注浆料的电子秤和量杯、用于向灌浆套筒内注浆的灌浆泵(图5.36)、用于湿润接触面的水枪等。灌浆用具主要有用于盛水、试验流动度的量杯,用于流动度试验用的流动度测试仪和平板,用于盛水、注浆料的大小水桶,用于把木塞塞进注浆孔封堵的锤子,以及小铁锹、剪刀、扫帚等。

图5.35　手持式电动搅拌器

图5.36　灌浆泵

2)操作要求

钢筋套筒灌浆的灌浆施工是装配式混凝土结构工程的关键环节之一。在实际工程中,连接的质量很大程度取决于施工过程控制。因此,套筒灌浆连接应满足下列要求:

①套筒灌浆连接施工应编制专项施工方案。这里提到的专项施工方案并不要求一定单独编制,而是强调应在相应的施工方案中包括套筒灌浆连接施工的相应内容。施工方案应包括灌浆套筒在预制生产中的定位、构件安装定位与支撑、灌浆料拌合、灌浆施工、检查与修补等内容。施工方案编制应以接头提供单位的相关技术资料、操作规程为基础。

②灌浆施工的操作人员应经专业培训后上岗。培训一般宜由接头提供单位的专业技术人员组织。灌浆施工应由专人完成,施工单位应根据工程量配备足够的合格操作工人。

③对于首次施工,宜选择有代表性的单元或部位进行试制作、试安装、试灌浆。这里提到的"首次施工",包括施工单位或施工队伍没有钢筋套筒灌浆连接的施工经验,或对某种灌浆施工类型没有经验,此时为保证工程质量,宜在正式施工前通过试制作、试安装、试灌浆验

证施工方案、施工措施的可行性。

④套筒灌浆连接应采用由接头形式检验确定的相匹配的灌浆套筒、灌浆料。施工中不宜更换灌浆套筒或灌浆料,如确需更换,应按更换后的灌浆套筒、灌浆料提供接头形式检验报告,并重新进行工艺检验及材料进场检验。

⑤灌浆料以水泥为基本材料,对温度、湿度均具有一定敏感性。因此,在储存中应注意干燥、通风并采取防晒措施,防止其性态发生改变。灌浆料宜存储在室内。

⑥竖向构件宜采用连通腔灌浆,并应合理划分连通灌浆区域;每个区域除预留灌浆孔、出浆孔与排气孔外,应形成密闭空腔,不应漏浆;连通灌浆区域内任意两个灌浆套筒间距离不宜超过1.5 m。

⑦竖向钢筋灌浆套筒连接采用连通腔灌浆时,宜采用一点灌浆的方式。当一点灌浆遇到问题而需要改变灌浆点时,各灌浆套筒已封堵的灌浆孔、出浆孔应重新打开,待灌浆料拌合物再次流出后进行封堵。

5.4.2　套筒灌浆连接工艺流程

1)施工准备

操作人员上岗前,需要按规定穿戴劳保工具。操作人员需正确佩戴安全帽,穿戴施工工装,佩戴工业手套,穿劳保鞋,戴好工业口罩,未按规定进行劳保工装穿戴的人员不得进入作业区。

2)温度测量

用温度计测量灌浆作业的环境温度,并及时将测得的温度进行记录。

操作人员应确定测得的环境温度符合灌浆料产品使用说明书要求。一般来说,环境温度低于5 ℃时不宜施工,低于0 ℃时不得施工;当环境温度高于30 ℃时,应采取降低灌浆料拌合物温度的措施。

3)灌浆孔处理

用水管对灌浆套筒进行湿润。将水管与灌浆套筒的出浆孔连接,打开阀门使水流从出浆孔流入套筒,从灌浆孔排出。湿润完成后移走水管。

4)封缝料制作

按比例将封缝料干料和水倒入筒中,用搅拌器进行2～3 min搅拌。搅拌完成后再次按比例加入水,搅拌1～3 min,即完成封缝料的制作(图5.37)。

5)分仓

使用内衬、分仓工具和抹灰托板,用制作好的封缝料对墙体下方空腔进行分仓。

6)封仓

使用内衬、抹灰托板和抹子,对墙体下方空腔进行封仓(图5.38)。

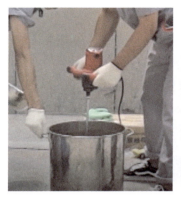 

图5.37　制作封缝料　　　　　　　　　　　图5.38　封仓

7)灌浆料制作

按比例将灌浆料干料和水倒入筒中,用搅拌器进行搅拌2～3 min。搅拌完成后再次按比例加入水,搅拌1～3 min,搅拌完成后,将灌浆料静置2 min,即完成灌浆料的制作(图5.39)。

图5.39　灌浆料制作

8)填写施工记录表

灌浆料制作完成后,应及时填写灌浆施工记录,准确记录下灌浆料用量、搅拌时长、静置时长等信息。

9)灌浆料检测

领取玻璃板、流动度测试仪、钢直尺、水管和勺子。首先对玻璃板进行湿润处理,然后放置流动度测试仪,用勺子将制作好的灌浆料倒入流动度测试仪中,竖直向上提起流动度测试仪,观察灌浆料在玻璃板上的坍落情况,待灌浆料不再自然扩散后,测量灌浆料扩散灰饼的最大直径。该直径在300～380 mm则灌浆料流动度合格,否则需要重新制作灌浆料。测试完成后及时清洗相应工具仪器,并及时将流动度检测结果进行记录。

10)灌浆

领取灌浆泵,用水管对灌浆泵进行湿润,然后倒入灌浆料,将灌浆泵的出浆管与灌浆套筒的灌浆孔连接。确认连接牢固后,启动灌浆泵开始灌浆。待出浆孔有灌浆料呈圆柱状连续流出,用胶塞或木塞将出浆孔封堵。所有出浆孔均封堵后,调低灌浆泵的灌浆压力,继续保持灌浆状态30 s左右,保证灌浆区域内浆液充分。最后移走灌浆泵的出浆管,及时封堵灌浆孔(图5.40)。

图5.40　灌浆作业

灌浆料宜在加水后30 min内用完。散落的灌浆料拌合物不得二次使用;剩余的拌合物不得再次添加灌浆料、水后混合使用。

11)工完料清

将工具清理后归还,剩余的材料妥善处理,清扫垃圾后,完成操作。

5.4.3　套筒灌浆连接质量控制

1)灌浆套筒质量检验

灌浆套筒进场时,应抽取试件检验外观质量和尺寸偏差,并应抽取套筒采用与之匹配的灌浆料制作对中连接接头,并做抗拉强度检验,检验结果应符合现行行业标准《钢筋机械连接技术规程》(JGJ 107—2016)中Ⅰ级接头对抗拉强度的要求。接头的抗拉强度不应小于连接钢筋抗拉强度标准值,且破坏时应断于接头外钢筋。

2)灌浆连接质量控制

灌浆操作全过程应有专职检验人员负责旁站监督,并及时形成施工质量检查记录。

灌浆作业队伍应严格控制灌浆料制作工艺质量,保证灌浆料强度满足设计要求。灌浆料强度应按批检验,以每层为以检验批。每工作班应制作一组且每层不少于3组40 mm×40 mm×160 mm的长方体试件(图5.41),标准养护28 d后进行抗压强度试验。灌浆料同条件养护试件抗压强度达到35 N/mm²后,方可进行对接头有扰动的后续施工。

图5.41　灌浆料试件制作

5.5　现浇连接

装配式混凝土建筑预制构件安装应及时穿插进行预制构件间后浇段的现浇连接,使预制构件与现浇结构部分形成整体。

5.5.1　现浇连接技术要点

1)钢筋工程

装配式混凝土建筑现浇连接区域的钢筋应埋设准确。构件连接处钢筋位置应符合现行有关技术标准和设计要求。当设计无具体要求时,应保证主要受力构件和构件中主要受力方向的钢筋位置。

装配式混凝土建筑现浇连接区域的钢筋连接质量应符合相关规范的要求。钢筋可根据规范要求采用直锚、弯锚或机械锚固等方式进行锚固,但锚固质量应符合要求。

2)模板工程

预制构件间后浇段连接宜采用工具式定型模板,定型模板应通过螺栓(预置内螺母)或预留孔洞拉结的方式与预制构件可靠连接(图5.42)。定型模板安装应避免遮挡墙板下部灌浆预留孔洞。

图5.42　工具式定型模板

夹心墙板的外叶板应采用螺栓拉结或夹板等加强固定。墙板接缝部位及与定型模板连接处均应采取可靠的密封、防漏浆措施。

采用PCF板进行支模时,PCF板的尺寸参数、PCF板与相邻外墙板之间拼缝宽度等应符合设计要求。安装时,PCF板应与内侧模板或相邻构件连接牢固,并采取可靠的密封、防漏浆措施。

3)混凝土浇筑

装配式混凝土建筑墙板间边缘构件竖缝混凝土后浇带的浇筑应与水平构件的混凝土叠合层以及按设计须现浇的构件(如作为核心筒的电梯井、楼梯间)同步进行。一般选择一个单元作为一个施工段,按先竖向、后水平的顺序浇筑施工。这样的施工安排可通过后浇混凝土将竖向和水平预制构件结合成整体。

后浇段现浇混凝土应采用预拌混凝土,预拌混凝土应符合现行相关标准的规定。装配式混凝土建筑施工中的结合部位或接缝处混凝土的工作性能应符合设计施工规定。当采用自密实混凝土时,也应符合现行相关标准的规定。

混凝土浇筑完毕后,应按施工技术方案要求及时采取有效的养护措施。设计无规定时,应在浇筑完毕后的12 h以内对混凝土加以覆盖并养护,浇水次数应能保持混凝土处于湿润状态。采用塑料薄膜覆盖养护的混凝土,其敞露的全部表面应覆盖严密,并应保持塑料薄膜内有凝结水。后浇混凝土的养护时间不应少于14 d。

竖向现浇
结构施工

5.5.2　墙板间后浇段现浇连接工艺流程

1)施工准备

操作人员上岗前,需要按规定穿戴劳保工具。操作人员需正确佩戴安全帽,穿戴施工工装,佩戴工业手套,穿劳保鞋,戴好工业口罩,未按规定进行劳保工装穿戴的人员不得进入作业区。

2)温度测量

用温度计测量现浇连接作业的环境温度,并及时将测得的温度进行记录。

3)结合面处理

现浇连接作业首先要对结合面进行处理,处理方法可参照构件吊装工艺的结合面处理方法。

4)钢筋处理

首先用钢刷对钢筋进行除锈;然后用靠尺对钢筋垂直度进行检查,根据检查结果用扳手对钢筋垂直度进行调整;用套丝机对预留钢筋端头进行螺纹处理,生成用于机械连接的丝扣;最后通过丝扣在预留钢筋端头安装机械连接接头。

5）墙缝处理

对于预制外墙板构件,相邻墙板的保温板间并非严密贴合,而是存在一道竖向通缝,需要现浇连接前用匹配的保温材料进行填塞封堵。

6）钢筋连接

按照图纸要求,领取相应的钢筋。先将水平钢筋布置到后浇连接区段内,再布置竖向连接钢筋,最后用扎钩和扎丝将钢筋进行绑扎(图5.43)。绑扎完成后,向纵向钢筋上安装一定数量的保护层卡子,并用卷尺等工具对钢筋连接质量进行隐蔽工程验收。

图5.43　预制墙板连接部位钢筋绑扎

7）测量放线

用墨斗配合卷尺,对现浇连接的区域位置进行放线控制,其做法可参照构件吊装中的划线方法。

8）模板处理

首先,应在墙板正面接缝边缘位置,粘贴竖向通长的防侧漏胶条,用以保证墙体与模板的接缝严密不漏浆。

9）模板处理

选择合适的模板,用滚刷在模板内侧粉刷脱模剂,然后利用背楞和对拉螺栓,将模板按图纸所示的施工位置进行安装。安装完成后,用卷尺对模板安装质量进行验收。

10）混凝土浇筑与振捣

首先用水管对即将浇筑混凝土的区域进行浇水湿润。混凝土浇筑需分层浇筑分层振捣,每次浇筑的厚度宜控制在300~500 mm。逐层浇筑至墙体顶部后,即完成对该后浇连接区域的混凝土浇筑作业。

11）洒水养护

用抹子将混凝土上表面抹平,然后结合环境温湿度对混凝土进行洒水养护,养护方法与现浇结构混凝土养护方法相同。

12)工完料清

将工具清理后归还,剩余的材料妥善处理,清扫垃圾后,完成操作。

5.6　装配化装修

装配化装修是将工厂生产的部品部件在现场进行组合安装的装修方式(图5.44)。装配式建筑室内装修宜采用装配化装修,即采用工业化构配件(部品)组装,从而减少施工现场湿作业。推进装配式装修是推动装配式发展的重要方向。采用装配式装修的设计建造方式具有五个方面优势:

①部品在工厂制作,现场采用干式作业,可以最大限度保证产品质量和性能。

②提高劳动生产率,节省大量人工和管理费用,大大缩短建设周期,综合效益明显,从而降低生产成本。

③节能环保,减少原材料的浪费,施工现场大部分为干式工法,减少噪声、粉尘和建筑垃圾等污染。

④便于维护,降低了后期运营维护的难度,为部品更换创造了可能。

⑤工业化生产的方式有效解决了部品生产的尺寸误差和模数接口问题。

图5.44　装配化装修

装配化装修主要包括干式工法楼面地面、集成厨房、集成卫生间、管线分离等。集成厨房是指地面、吊顶、墙面、橱柜、厨房设备及管线等通过集成设计、工厂生产,在工地主要采用干式工法装配完成的厨房。集成厨房多指居住建筑中的厨房。集成卫生间是指地面、吊顶、墙板和洁具设备及管线等通过集成设计、工厂生产,在工地主要采用干式工法装配完成的卫生间。集成卫生间充分考虑卫生间空间的多样组合或分隔,包括多器具的集成卫生间产品和仅有洗面、洗浴或便溺等单一功能模块的集成卫生间产品。集成厨房和集成卫生间是装配式建筑装饰装修的重要组成部分,其设计应按照标准化、系列化原则,并符合干式工法施工的要求,在制作和加工阶段全部实现装配化。

课后习题

一、单选题

1.在施工过程中针对不同工序(　　),是装配式建筑的最大优势。

A.组织跳跃施工　　B.组织依次施工　　C.组织穿插作业　　D.冬期施工

2.装配式建筑施工前,应由(　　)组织设计、施工、监理等单位对设计文件进行交底和会审。由施工单位完成的深化设计文件应经原设计单位确认。

A.勘察单位　　　　B.施工单位　　　　C.监理单位　　　　D.建设单位

3.装配式建筑构件吊装用吊具应根据预制构件形状、尺寸及重量等参数进行配置,吊索水平夹角不宜小于(　　),且不应小于(　　);对尺寸较大或形状复杂的预制构件,宜采用有分配梁或分配桁架的吊具。

A.60°,45°　　　　B.60°,30°　　　　C.45°,30°　　　　D.80°,45°

4.《钢筋套筒灌浆连接应用技术规程》(JGJ 355—2015)中规定,竖向构件宜采用连通腔灌浆,连通灌浆区域内任意两个套筒间距不宜超过(　　)m。

A.1　　　　　　　B.1.5　　　　　　C.2　　　　　　　D.3

5.构件安装就位后,可通过临时支撑对构件的位置和(　　)进行微调。

A.垂直度　　　　　B.标高　　　　　　C.长度　　　　　　D.宽度

6.竖向钢筋套筒灌浆连接采用连通腔灌浆时,宜采用(　　)灌浆的方式。

A.多点　　　　　　B.一点　　　　　　C.两点　　　　　　D.三点

7.灌浆操作施工时,应做好灌浆作业的视频资料,质检人员进行全过程施工质量检查,并提供(　　)记录。

A.灌浆料强度报告　　　　　　　　　　B.灌浆套筒型式检验报告

C.可追溯的全过程灌浆质量检查　　　　D.出厂合格证

8.装配式建筑应结合(　　)的原则整体规划,协同建筑、结构、机电、装饰装修等专业要求,制定施工组织设计。

A.标准化设计　　　　　　　　　　　　B.装配化施工

C.设计、加工、采购一体化　　　　　　D.设计、生产、装配一体化

9.《建筑施工起重吊装工程安全技术规范》(JGJ 276—2012)等文件规定,开始起吊时,应先将构件吊离地面(　　)后暂停,检查起重机的稳定性,制动装置的可靠性,构件的平衡性和绑扎的牢固性等。

A.200~300 mm　　　　　　　　　　　B.300~500 mm

C.500~600 mm　　　　　　　　　　　D.700~800 mm

10.预制构件安装就位后,应及时采取临时固定措施。预制构件与吊具的分离应在校准定位及(　　)后进行。

A.后浇混凝土浇筑　　　　　　　　　　B.临时固定措施安装完成

C.构件灌浆   D.焊接锚固

11.灌浆连接施工时,应确保灌浆料流动扩展直径在(　　)mm范围内。

A.160~220   B.220~300   C.300~380   D.380~460

12.装配式混凝土结构现场安装时,灌浆作业应采用(　　)从下口灌注,当浆料从上口流出后应及时封堵,必要时可设分仓进行灌浆。

A.灌浆法   B.注浆法   C.压浆法   D.压力法

13.装配式建筑室内装修宜采用装配化装修,即采用工业化构配件(部品)组装,从而(　　)。

A.减少施工现场湿作业   B.加大施工难度

C.减少施工现场干作业   D.增加施工作业人员

二、多选题

1.装配式建筑施工应具有健全的质量管理体系、相应的(　　)和施工质量控制制度。

A.构件生产计划   B.施工组织方案   C.技术标准   D.施工工法

2.装配式建筑后浇连接节点连接施工中,浇筑混凝土前,应对结合面进行清理,清除(　　),并宜洒水湿润。

A.浮浆   B.松散骨料   C.锈蚀钢筋   D.污物

3.预制构件安装采用临时支撑时,应符合下列规定(　　)。

A.每个预制构件的临时支撑不宜少于2道

B.对预制墙板的斜撑,其支撑点距离板底不宜小于板高的2/3,不应小于板高的1/2

C.构件安装就位后,可通过临时支撑对构件的位置和垂直度进行微调

D.由于支撑系统是临时设施,无需考虑支撑系统自身在施工荷载作用下的变形

三、判断题

1.预制构件吊装前,应检查构件的类型和编号。检查并确认灌浆套筒内干净、无杂物,如有影响灌浆、出浆的异物须清理干净。　　　　　　　　　　　　　　　　(　　)

2.当施工过程中灌浆料抗压强度、灌浆质量不符合要求时,施工单位可自行处理,不需要经设计、监理单位认可。　　　　　　　　　　　　　　　　　　　　　(　　)

3.《装配式混凝土建筑技术标准》(GB 51231—2016)吊装作业安全规定,遇到雨、雪、雾天气,或者风力大于6级时,不得进行吊装作业。　　　　　　　　　　　(　　)

第6章 装配式建筑智能建造

教学目标：

1.了解智能建造的理念、演变历程、类别和意义；

2.了解智能建造关键技术；

3.了解智能建造技术在建筑业的应用。

素质目标：

1.敬畏科学，敬畏自然，虚心向学；

2.热爱祖国，热爱建筑行业，积极投身国家建筑业发展。

6.1 智能建造技术概述

6.1.1 智能建造理念

智能建造是指在建筑工程设计、生产、施工等各阶段，充分运用云计算、大数据、物联网、移动互联网、人工智能等新一代信息技术，以及建筑信息模型（BIM）、地理信息系统（GIS）、自动化和机器人等新兴应用技术，通过智能化系统，提高建造过程的智能化水平。

智能建造中提高的"智能"，是指计算机系统具有人类才拥有的能力，可以经过研发将其用于从事只有人类才能从事的工作，从而实现完全取代人工或减少对人工的需求。智能化系统可以是软件系统也可以是硬件系统。例如，在超高层建筑施工中，引入智能建筑综合管理系统，可以加快施工进度，有助于提高施工质量和安全水平，相应的系统就是以软件形式存在的智能化系统的例子（图6.1）。又如，在施工过程中可以使用建筑机器人，像钢筋焊接机器人，该系统可以减少甚至取代人工完成建筑钢筋焊接工作，是以硬件形式存在的智能化系统的例子（图6.2）。当然，这样的硬件中也包含软件。

建造过程一般包含设计阶段、生产阶段以及施工阶段。因为运营维护阶段的维护工作也会包含设计、生产和施工等环节，所以也可以将运营维护纳入建造过程。因此，按阶段划分，智能建造可以分解为智能设计、智能生产、智能施工以及智能运维。另外，因为设计、生产、施工和运维都是有组织的行为，所以，组织管理的智能化也非常重要。因此，智能建造也可以包含智能组织。

图6.1　智能建筑综合管理系统

图6.2　钢筋焊接机器人

6.1.2　智能建造演变与分类

20世纪70年代末,我国计算机开始用于建筑工程的结构计算中;80年代,建筑行业开始应用计算机辅助设计(CAD)技术;90年代计算机开始用于施工管理,而且作为人工智能的分支,专家系统开始应用于建筑行业;而计算机应用在运维管理中则是21世纪以后的事。

严格地讲,若计算机系统拥有人类才具有的能力,并用于取代人工或减少对人工的需求,则可以称为智能化系统。一般来说,感知、识别、记忆、理解、联想、感情、计算、分析、判断等都是人类才具有的能力,因此,从广义上讲,全部拥有或部分拥有这些能力的系统都可以称为智能化系统。若在建造过程中采用了智能化系统,则可以称为智能建造。从这个意义上讲,按照人的能力对应关系以及所应用的智能化系统的深度,智能建造可以分为以下4个类别:

①计算智能类。这是初步的智能建造,起源于20世纪80年代对计算机的计算能力的利用,体现为在设计复杂的建筑中利用CAD技术,进行设计计算、分析和绘图。由于利用了计算机出色的计算能力,设计人员可以在短时间内针对建筑进行各种分析,从而大大缩短了设计周期,同时提高了设计质量。

②分析智能类。这是中等级别的智能建造,起源于20世纪90年代对计算机分析能力和

判断能力的应用。主要特点是,在系统中,针对人工录入的信息,按照一定的模型进行分析,其结果用于辅助决策。体现为企业管理及施工管理中,利用信息系统中已录入的数据,进行数据统计等分析,用于辅助决策。也包括一些自动化设备,例如早期的建筑机器人。

③联想智能类。这是当前较高级别的智能建造,起源于20世纪90年代的GIS技术,以及进入21世纪以来BIM技术在建造过程中的应用。这使得计算机系统可以用于记忆带有语义的空间信息,从而不仅使得系统可以直观展示设计结果、生产和施工过程,以及运维管理操作空间,而且使得系统可以进行空间分析和工程量计算,这类应用相当于人的联想和计算能力在计算机系统中同时得到实现,可以用于虚拟建造和精细化管理。

④综合智能类。这是当前高级别的智能建造,起源于过去10多年来对计算机多方面能力的综合应用。一般采用传感器自动采集信息,通过软件系统可以进行大数据分析,或者基于大数据可以进行人工智能学习,例如机器学习和深度学习。如果包含了硬件系统,一般还具有实时控制功能,例如施工安全检测系统、最近研发出来的施工机器人系统、集成化施工平台等。设置可以与GIS技术、BIM技术以及三维激光扫描技术相结合,用于更具真实感的人机协同和更高水平管理。

需要说明的是,一个智能化系统所能覆盖的应用点往往是有限的。以管理软件为例,较多见的是单项管理软件,例如成本管理软件,其覆盖的应用点就会很有限。当然也有综合性管理软件,这类软件可以覆盖较多的应用点,但往往在深度上难与单项管理软件相比。从这个意义上讲,在实际过程中,可以规定智能建造等级来衡量工程项目的智能建造水平。等级越高,代表在工程项目中应用的智能化系统所覆盖的应用点越多,而且应用深度也越深。

6.1.3　智能建造意义

①智能建造有助于解决建筑行业生产力低下的问题。例如,在设计过程中,通过使用智能化设计系统,可以让系统代替人工进行设计的合规性检查、自动生成设计图纸,可以将设计人员从繁重的手工劳动中解放出来,降低他们的劳动强度,使他们有时间进行更多创造性的工作。同样在施工过程中,可以通过应用建筑机器人大大提高生产力水平。

②智能建造有助于解决建筑行业劳动力短缺问题。例如,通过使用集成化施工平台,可以大幅度提高施工效率,减少对劳动力的需求。又如,本质上建筑机器人的作用就是代替人工,至少是减少对人工的需求。建筑机器人与工人相比不仅能够带来更高的工作效率,而且可以连续不断的工作,甚至可以在恶劣环境下工作。

③智能建造有助于建筑行业的高质量发展。传统的设计工作具有工期紧、设计人员不得不加班加点、容易出现设计错误、设计质量不容易保证等特点,智能化设计系统将使设计人员减少设计错误,专注复杂问题的解决方案,在提高设计质量的同时,可以在有限的时间内考虑对工程全生命周期的各种影响,给出更高水平的设计方案。传统的施工管理粗放,主要靠管理人员"拍脑袋"进行决策,资源难以得到最佳配置,经常造成浪费。智能化施工管理系统则可以使施工企业提高管理水平、减少浪费、提高经济效益。传统施工现场具有又累又

脏又危险的特点,集成化施工平台和建筑机器人则可以显著改善施工环境,在环境较差的地方可以让机器人代替人工来工作。

总体来说,智能建造在为建筑业赋能的同时,将不仅带来经济效益,而且可以带来社会效益。

6.2　智能建造关键技术

6.2.1　云计算

1)内涵

云计算(cloud computing)是指通过网络"云"将巨大的数据计算处理程序分解成无数个小程序,然后通过多部服务器组成的系统进行处理和分析这些小程序得到结果并返回给用户。狭义上讲,这里的"云"实质上是一个网络,云计算就是一种提供资源的网络,使用者可以随时获取"云"上的资源,按需求量使用,并且可以看成是无限扩展的,只要按使用量付费就可以。广义上说,云计算是与信息技术、软件、互联网相关的一种服务,这种计算组员共享池叫做"云",云计算把许多资源集合起来,通过软件实现自动化管理,只需要很少的人参与,就能让资源被快速提供(图6.3)。

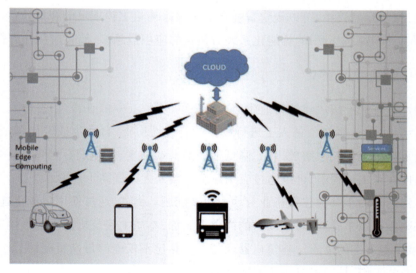

图6.3　云计算

云计算这个概念从提出到今天,已经差不多10年时间了。在这10年间,云计算取得了飞速的发展和翻天覆地的变化。现阶段,云计算被视为计算机网络领域的一次革命,因为它的出现,社会的工作方式和商业模式也在发生巨大的改变。

2)特点

云计算的可贵之处在于高灵活性、可扩展性和高性价比等,与传统的网络应用模式相

比,其具有如下优势和特点:

①虚拟化技术。虚拟化技术突破了时间、空间的界限,是云计算最为显著的特点。虚拟化技术包括应用虚拟和资源虚拟两种。众所周知,物理平台与应用部署的环境在空间上是没有任何联系的,正是通过虚拟平台和虚拟化技术对相应终端操作完成数据备份、迁移和扩展等。

②动态可扩展。云计算具有高效的运算能力,在原有服务器基础上增加云计算功能,使计算速度迅速提高,最终实现动态扩展虚拟化,达到对应用进行扩展的目的。

③按需部署。计算机包含了许多应用、程序软件等,不同的应用对应的数据资源库不同,所以用户运行不同的应用需要较强的计算能力对资源进行部署,而云计算平台能够根据用户的需求快速配备计算能力和资源。

④可靠性高。云计算一般由多台服务器提供算力。若单点或多点服务器出现故障,可以通过虚拟化技术将分布在不同物理服务器上面的应用进行恢复,或利用动态扩展功能部署新的服务器进行计算。

⑤可扩展性。用户可通过快速部署应用软件来更为简单、快捷地将所需的业务进行扩展。在对虚拟化资源进行动态扩展的情况下,能够高效扩展应用,提高云计算服务器的应用效率。

3)服务类型

云计算的服务类型,主要分为 IaaS、PaaS、SaaS 三类。

①IaaS。IaaS 是 Infrastructure-as-a-Service 的缩写,可译为基础设施即服务。它是指云平台向用户提供虚拟化计算资源,如虚拟机、存储、网络和操作系统等。

②PaaS。PaaS 是 Platform-as-a-Service 的缩写,可译为平台即服务。它是指云平台向开发人员提供通过全球互联网构建的应用程序和服务平台,为开发、测试和管理应用程序提供按需开发环境。

③SaaS。SaaS 是 Software-as-a-Service 的缩写,可译为软件即服务。它是指云平台将应用程序部署在平台,向客户提供可以直接使用的应用程序,允许其用户通过全球互联网访问应用程序。

4)云计算与大数据

大数据是指大小超出常规的数据库工具获取、存储、管理和分析能力的数据集,即数量巨大、结构复杂、类型众多的数据构成的数据集。

大数据具有大容量(Volume)、高速(Velocity)、多样性(Variety)、真实性(Veracity)和低价值密度(Value)五大特点,俗称"5V"优势。

从技术上看,大数据与云计算的关系就像一枚硬币的正反面一样密不可分。大数据必然无法用单台计算机进行处理,必须采用分布式架构。它的特色在于对海量数据进行分布式数据挖掘。但它必须依托云计算的分布式处理、分布式数据库和云存储、虚拟化技术。

6.2.2 数字化技术

1)BIM技术

（1）定义

BIM是Building Information Modeling的缩写，其含义是建筑信息模型（也被解释为建筑信息化模型）。BIM的定义有多种，《建筑工程信息模型应用统一标准》（GB/T 51212—2016）给出的定义是，建筑及其设施的物理和功能特性的数字化表达，在建筑工程全寿命期内提供共享的信息资源，并为各种决策提供基础信息（图6.4）。

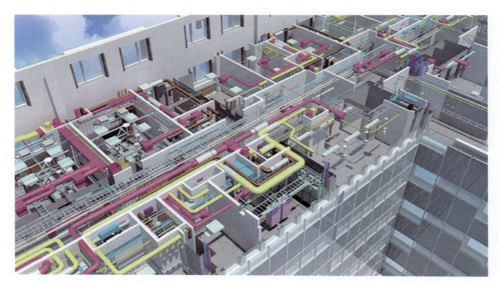

图6.4　BIM技术应用于建筑工程

（2）特点

BIM技术相较于传统建筑工程管理技术，具有操作可视化、模型参数化、信息协调化、信息完备化、信息互动化和建造模拟化等特点。

①操作可视化。操作可视化是指应用的一切操作都是在可视化的环境下完成的，可视化的结果不仅可以用效果图展示及报表生成，在项目设计、建造、运营过程中的沟通、讨论、决策都能实现可视化的状态进行。现阶段的BIM软件所能呈现的模拟画面（图6.5），已经逼真到与实际照片几乎一致。

②模型参数化。模型参数化是指，通过参数完成模型的建立和修改。BIM参数化设计包括参数化图元和参数化修改引擎两部分。模型参数化的本质在可变参数的作用下，系统能够自动维护所有的参数。

③信息协调性。信息协调性是指，在数据之间创建实时的、一致性的关联，从而使得在任一操作界面下对信息进行的修改，都可以在其他界面下实现关联修改。同时，使用BIM协调性工具对模型进行监测和调整，可以有效避免各构件间或各专业间信息不兼容的问题出

现,有效规避设计失误,实现方案优化。

图6.5　BIM软件呈现的施工现场模拟画面

④信息完备性。信息完备性是指,创建的BIM模型中,不仅包含构件、设施的3D信息和位置关系信息,还包含设施的前期策划、设计、施工、运维各个阶段的信息。所有的信息均以数字化形式保存在数据库中,完成建造过程信息的完整化存储。

⑤信息互动性。信息互动性是指,所有数据通过一次性采集或输入,在整个建造的不同阶段,不同专业及不同软件之间能够实现信息的共享、交换与流动。

⑥建造模拟性。建造模拟性是指,基于BIM模型的基础上,能够模拟出真实世界中多种方案操作的可行性,包括对设计方案进行分析计算及施工阶段工艺工序方案模拟等多种形式。建筑工程中,常采用BIM技术对施工进度、建筑能耗、采光日照、消防疏散等内容进行模拟。

(3)应用场景

①基于BIM的设计应用。一方面,基于BIM技术进行设计方案的展示和决策,加快方案的确认;另一方面,开展设计方案的各种分析,可以判断设计的可行性,例如受力、能耗、成本等。同时,结合大数据的应用,部分企业或实验室已开展基于BIM技术的智能设计,借鉴同类型或相似类型项目的设计方案,实现多个方案的快速设计,完成最优方案的比选。

②基于BIM的施工应用。通过模型的轻量化,一方面可实现模型与管理相结合的应用,在各类BIM管理平台的使用中,通过模型与质量、安全、进度的关联,完成项目监督和管控,实现智慧工地的建设(图6.6);另一方面,结合传感器、自动报警设施,完成现场施工数据采集和管控(图6.7)。

③基于BIM的运维应用。通过图形数据化技术,将竣工项目的建造和运维信息存储成数据库,并提供开放性接口,整合运维各系统、各硬件设施,实现对竣工项目的智能化运维。

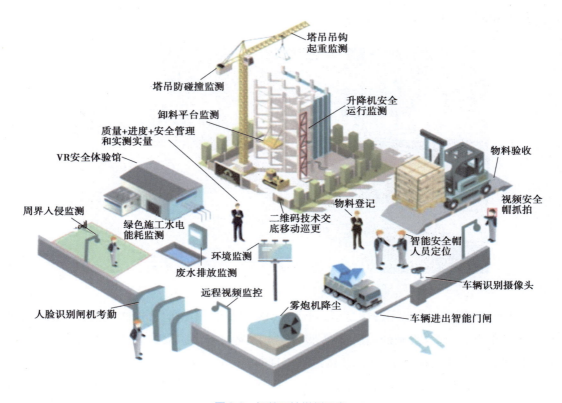

图6.6 智慧工地样例示意

图6.7 施工现场实时数据采集

2)GIS技术

(1)定义

GIS技术是地理信息系统(Geographic Information System)的简称,它是在计算机硬件、软件的支持下,用来对空间数据进行采集、管理、处理、分析、建模和显示,以解决复杂的规划和管理问题的系统(图6.8)。

图6.8 GIS系统界面示意

GIS技术是一门综合性学科,结合地理学与地图学以及遥感和计算机科学,已经广泛应用在不同的领域,是用于输入、存储、查询、分析和显示地理数据的计算机系统。随着GIS的发展,也有称GIS为"地理信息科学"(Geographic Information Science),近年来,也有称GIS为"地理信息服务"(Geographic Information service)。GIS是一种基于计算机的工具,它可以对空间信息进行分析和处理,简言之是对地球上存在的现象和发生的事件进行成图和分析。GIS技术把地图这种独特的视觉化效果和地理分析功能与一般的数据库操作集成在一起。

(2)特点

①空间分析能力独特。GIS技术能够对空间信息进行各种复杂的空间运算,实现多元地理信息的叠加分析,以及图形与属性的双向查询,帮助使用者了解空间实体的分布特征和空间位置关系。

②信息兼容性强大。GIS技术可支持多样化的信息数据,遥感、测量、地图、GPS、文字报告等都可以为GIS提供数据。GIS技术不仅能使用常规信息系统采用的属性数据,还为新数据类型预留了潜在的接口。

③工作方式直观形象。GIS技术能够直观地反映处理对象的空间分布和特征,相对于其他信息系统具有非常直观、形象的工作方式。

④信息使用快速高效。GIS技术具有信息使用快速高效的特点,一方面,GIS技术与遥感、全球定位系统结合和集成,可以实时利用信息;另一方面,由于具有很强的信息检索和综合能力,GIS技术可大大缩短管理和决策的周期。

3)3D扫描技术

(1)定义

3D扫描技术是指集光、机、电和计算机技术于一体的高新技术。该技术能够将实物的立体信息转换为计算机能直接处理的数字信号,实现实物的数字化采集(图6.9)。3D扫描技术能够实现非接触测量,具有速度快、精度高的优点,其测量结果能够直接适应多种软件接口,常与CAD、CAM、CIMS等技术结合应用。

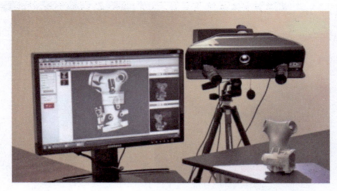

图6.9　3D扫描技术示意

（2）特点

①速度快,非接触,可运动式扫描。3D扫描速度快,大到一栋建筑物,小到一个物品,均可在极短的时间内完成扫描;3D扫描技术可实现在不接触被测物体的前提下进行精准扫描;此外,面对不同的被扫描物,3D扫描技术可通过手持扫描端或移动扫描端载体的方式,实现运动式扫描。

②高精度、高密度、高分辨率。3D扫描能够提供扫描物体表面的三维点云数据,因此可以用于获取高精度,高分辨率的数字模型。通过搭载高精度的相机或激光元件,其测量精度可以达到微米级。

③高扩展,应用广。3D扫描学技术所获取的数据均为数字信号数据,具有较高的数字程度,处理起来较为简便,可以便利的用于数据的分析、输出以及显示,可以和其他软件及时进行数据共享,能够和外接数码相机、GPS等设备相互配合使用,从而扩宽了各自的应用范围,因此3D扫描技术具有较高的可扩展性。

（3）应用场景

在设计中,3D扫描技术可以应用于原型确认、新品开发、材料调整、模型建立、三维模型确认、外形分析、首样检测、功能尺寸分析。在制造上,3D扫描技术应用于模型建立、三维模型确认、零件间比较分析、多穴样品分析、多模具分析、首末件检测。在产业化上,3D扫描技术可用于工艺调整、模具搬迁、模具更新、模具转换、预测模具磨损、模具维修和产能研究等。

6.2.3　集成技术

1)建筑机器人

（1）定义

机器人是一种能够半自主或全自主工作的智能机器。机器人具有感知、决策、执行等基本特征,可以辅助甚至替代人类完成危险、繁重、复杂的工作,提高工作效率与质量,服务人类生活,扩大或延伸人的活动及能力范围。

建筑行业是仅次于采矿业的第二大危险行业,施工过程中事故多、劳动力短缺、劳动生产效率低,这些都成为建筑业发展的掣肘。建筑机器人就是将机器人技术与建筑行业的业务场景相结合,研发出适合建筑行业使用的机器人,目前经营使用的建筑机器人有砌筑机器人(图6.10)、抹灰机器人等。通过应用建造机器人可以有效缓解建筑行业中存在的一些限制因素,加速建筑业的发展。

图6.10　砌筑机器人

(2)特点

①环境适用性强。智能建筑机器人可以在各种条件下工作,不受外界环境的影响,无间断、无休息的工作。因此,建筑机器人可以大大的将人类从粗放、危险的劳动中解放出来,并提高劳动生产效率。

②工作状态稳定。只要把程序预设好,建筑机器人能够长时间保质保量的工作,甚至可以比人做得更精准。繁重的劳动下,人难免会出错,但除非程序错误建筑机器人不会出错。

③生产过程安全可控。在一些危险的生产过程中,机器人可以替代人工进行危险系数高、劳动强度大的生产工作。应用建筑机器人作业,风险发生时人的生命安全不会受到威胁,从而可以有效控制建造安全。

④可完成简单的创意化工作。智能建筑机器人利用仿真模拟与监测及高度灵活的特点,通过与设计信息集成,实现设计几何信息与机器人加工运动方式和轨迹的对接,完成机器人预制加工指令的转译与输出。智能建筑机器人将不再只是简单施工工艺的替代,已经成为智能建造的辅助工具,可以完成施工方案和设计文件的编制等简单创意化工作。

(3)典型应用场景

根据建筑业生产及运营需求,建筑机器人可作为测绘机器人、挖掘机器人、砌筑机器人、焊接机器人、清洗机器人、安保机器人、维修机器人(图6.11)、救援机器人等。各种机器人应用在相关建造场景中,可降低相关人员的劳动强度,提高施工效率,保障施工质量。

图6.11　维修机器人

2）物联网

（1）定义

物联网技术是现阶段应用广泛的智能技术。简单来讲，物联网就是物物相连的互联网。国际电信联盟（ITU）对物联网的定义是：通过二维码识读设备、射频识别设备（RFID）、红外感应器、全球定位系统和激光扫描器等信息传感设备，按约定的协议，把任何物品与互联网相连接，进行信息交换和通信，以实现智能化识别、定位、跟踪、监控和管理的一种网络。我国工业和信息化部电信研究院《物联网白皮书（2011年）》定义物联网为通信网和互联网的拓展应用和网络延伸，它利用感知技术与智能装置对物理世界进行感知识别，通过网络传输互联，进行计算、处理和知识挖掘，实现人与物、物与物信息交互和无缝链接，达到对物理世界实时控制、精确管理和科学决策。现阶段在人民群众生活中，物联网技术应用主要有共享单车等（图6.12）。

图6.12　物联网技术应用：共享单车

（2）特点

①全面感知。利用射频识别、二维码、智能传感器等感知设备，随时随地感知获取物体的各类信息。

②可靠传递。通过各种通信网络与互联网的融合，对接收到的感知信息进行实时远程

传送,实现信息的可靠交互和共享,并进行各种有效的处理。

③智能处理。利用云计算、模糊识别等各种智能计算技术,对随时接收到的跨地域、跨行业、跨部门的海量数据和信息进行分析处理,提升对物理世界、经济社会各种活动和变化的洞察力,实现智能化的决策和控制。

概括来讲,物联网具有底层信息(人员、设备、物料、环境等)感知、采集、传输和监控的功能,是智能建造的基础和信息来源,与BIM技术结合,可以形成整个施工过程中虚拟信息管理与物理环境硬件有机集成的"闭环信息流",实现对人、机、料、法、环的全方位实时监管,变被动监督为主动监控,为上层智能设计、智能生产、智能施工、智能运维等应用提供支撑。

3)虚拟现实技术

虚拟现实(VR)是融合三维显示技术、计算机图形学、三维建模技术、传感测量技术和人机交互技术等多种前沿技术的综合技术。虚拟现实以临境、交互性、想象为特征,创造了一个虚拟的三维交互场景,用户借助特殊的输入输出设备,可以体验虚拟世界并与虚拟世界进行自然的互动(图6.13)。

图6.13 物联网技术应用:虚拟现实

广义的虚拟现实技术包括虚拟现实技术(VR)、增强现实技术(AR)、混合现实技术(MR)。其中,增强现实技术是以虚实结合、实时交互、三维注册为特征,将计算机生成的虚拟物体或其他信息叠加到真实现实中,从而实现对现实的"增强"。混合现实技术是指将虚拟世界和真实世界合成创造一个新的三维世界,物理实体和数字对象并存实时相互作用的技术。混合现实与增强现实很相似,两者都是把计算机所生成的虚拟对象融合到真实的环境中,为虚拟世界和现实世界建立桥梁。两者的区别主要在于,增强现实的虚拟物体只是简单叠加于真实环境之中,并不能正确处理虚拟物体与真实物体之间的遮挡关系,而混合现实则要求系统能正确处理虚拟物体与真实物体之间的遮挡关系;此外,增强现实系统的虚拟物体一般很少,或只是一些简单的2D文字,混合现实的虚拟物体或者虚拟场景则可以很多。

虚拟现实技术具有超高的还原精度及真实性的特点,能够实现现场施工深度的效果还原,所有内容均严格按照图纸和封样材料制作,突出真实性。虚拟现实技术能够实现无空间死角及时间死角观看,使用者可随意选择观看位置和观看方向,同时能观看日夜景、四季变化、泛光方案切换等不同时间下的项目效果。在建筑施工阶段的安全教育、技术培训等方面,虚拟现实技术可以提高教学质量和效率。

6.3　智能建造技术在建筑业的应用

6.3.1　建筑智能设计

　　建筑智能设计是通过应用现代信息技术、数字化技术和统计分析技术等来模拟人类的思维活动,不断提高计算机的智能化水平,从而使其能够更快、更多、更好地承担设计过程中各种复杂任务,成为设计人员的重要辅助工具。建筑智能设计不仅是一种趋势,而且是建筑设计发展的必然过程。对于建筑师而言,这是对传统建筑设计过程的革新运动。建筑智能设计的发展不仅影响着建筑师的思维方式,同时还更容易促使建筑师朝着绿色建筑、可持续发展、协同设计等新技术方向的转变(图6.14)。

图6.14　建筑智能设计

　　建筑智能设计依托计算机技术、云计算技术、大数据技术等,可实现对建筑数据的深度挖掘、分析、处理和应用,这对建筑设计工作将产生较大的影响。在未来发展过程中,建筑智能设计将会得到广泛的推广和应用,进一步推动建筑设计的创新前进。依据建筑设计的特征,建筑智能设计的优势主要体现在标准化设计、参数化设计、性能化设计、协同设计等。

1)标准化设计

　　一般来说,标准化设计包含设计元素标准化、设计流程标准化、设计产品标准化。从技术与管理的角度来说,标准化设计既包含设计绘图建模的标准化,也包含设计管理的标准化。目前来看,相当一部分的建筑类型已经实现或者正在实现设计的标准化,以住宅设计为例,标准化户型、标准化空间、标准化装修等的设计与管理流程的标准化已经得到大量应用。从长远来看,实现建筑设计技术与管理的标准化既是市场的需要,也是企业的需要。

　　标准化设计是实现智能设计的前提,只有通过标准化,才能逐步实现产品化、一体化和智能化。标准化是提高产品质量、合理利用资源、节约能源的有效途径,是实现建筑工业化的重要手段和必要条件。标准化的构件和部品部件能够横向打通设计方、建设方、施工方、承包方、运维方的数据,减少各方之间基于多变构件和部品进行沟通的不确定性,提高各方之间数据对接的效率。标准化设计成果能够对接产业上下游,实现纵向全周期的数据贯通。标准化的实现需要数据标准的支持,只有完善的数据标准支持才能够实现全参与方的数据和业务流程闭环。

2)参数化设计

参数化设计是指用若干参数来描述几何形体、空间、表皮和结构,通过参数控制来获得满足要求的设计结果。在建筑领域,参数化设计应用从国家体育场、上海中心大厦、北京大兴国际机场等重大项目,到一个小艺术馆、售楼处,非常广泛。

特别是在非线性复杂建筑、结构体系建筑项目设计中,在前期建筑方案构思及多方案比较、效果渲染展示、实现建筑功能和形式的统一、结构支撑体系建立和计算、建筑结构体系优化等方面,多种参数化设计软件模块发挥着各自的优势。通过参数化驱动,建筑项目能够精确完成复杂体形建筑的设计、快速生成多个方案、便捷地进行方案修改与优化、高效地交换设计信息等,越来越体现出其强大的优势。

3)性能化设计

性能化设计是利用BIM建筑信息模型,建立性能化设计所需要的分析模型,并采用有限元、有限体积、热平衡方程等计算分析能力,对建筑不同性能进行仿真模拟,以评价设计项目的综合性能。性能化设计的主要应用场景有建筑室外环境性能化设计、建筑室内环境性能化设计、结构性能化设计三方面。

(1)室外环境性能化设计

全面推广、建设绿色建筑是我国建筑业发展的趋势与目标,针对待建项目的选址、场地设计、建筑布局以及对市政、周边既有建筑的影响,需要通过模拟技术对待建项目的室外风、光、声、热环境提前进行模拟分析,从而优化设计,支撑绿色发展(图6.15)。

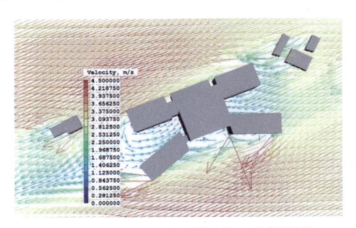

图6.15　应用BIM技术进行建筑室外风环境模拟分析

（2）室内环境性能化设计

绿色、健康、舒适的室内环境是人民群众对美好生活的追求,是建筑设计的目标与使命。通过对建筑立面、布局、空间设计的合理性分析,可大幅提升建筑室内环境质量。同时,提升建筑围护结构与设备性能,将大幅度降低建筑运行能耗,提升室内环境的热舒适性(图6.16)。

图6.16　应用BIM技术进行建筑室内热环境模拟分析

（3）结构性能化设计

结构性能设计作为常规结构设计方法的补充,一般用于因为特别不规则而不符合概念设计的结构。通过选择适当的性能目标和性能水准,从而实现结构“小震不坏,中震可修,大震不倒”的基本设防目标。结构抗震性能设计的重点是针对结构的关键部位和薄弱环节,采用抗震加强措施,在性能目标的选择时宜偏于安全一些(图6.17)。

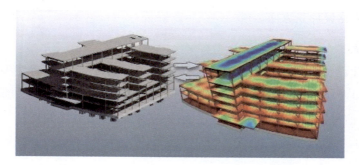

图6.17　应用BIM技术进行建筑结构性能化分析

4)协同设计

协同设计是以在设计院各专业间、项目各参与方或各角色间展开的基于设计过程和设计成果的信息交互共享为特征的设计组织形式。数字化和信息技术的发展,重新定义了协同设计,协同设计转变为基于网络设计通信手段和设计过程的组织管理方法,可以实现各专业之间的数据可视化和共享。

基于BIM的协同设计,是以BIM模型及承载数据为基础,实现依托于一个信息模型及数据交互平台的项目全过程可视化、标准化以及高度协同化的设计组织形式。基于BIM的协同设计有两个场景:

（1）专业间协同

在设计的各个专业之间，通过专业间智能提资进行协同的方式，如建筑结构模型转化、机电管线智能开孔与预留预埋等促进专业间协同，使设计由离散的分步设计向基于同一模型的全过程设计转变，通过BIM模型连接各专业设计数据，使协同效率更高，设计质量更优。

（2）跨角色协同

在设计企业内，借助BIM的数模一体化和可视化的优势，各参与方以统一的设计数据为基础，以可视化的方式开展全参与方的设计交底，各参与方围绕设计模型开展成果研讨，改变了传统二维协作方式，以可视化和参数化使设计成果更加合理落地，满足全参与方的数据交互需求。

6.3.2　建筑智能生产

建筑智能生产又称智能制造。建筑部品、部件的制造作为工程建造的一环，既有工业生产的属性，又有建筑工程建造的特点，它的发展受到建筑行业和国家政策等大环境影响。

实现智能建造的核心是实现建筑部品、部件的工业化制造，其主要范式是通过开发和应用智能制造管理系统，实现相关制造资源的合理统筹；通过数据技术驱动智能设备，使制造过程充分融入数字化、智能化、柔性化和高度集成化。此外，建立完善智能制造标准，有助于持续推进新一轮的技术创新，有助于推动智能制造技术的进步，有助于推动建筑行业部品、部件生产制造数字化、智能化发展进程，促进各专业部品、部件生产工艺提升，实现建筑行业升级（图6.18）。

图6.18　建筑智能生产

1）智能化部品部件生产管理

建筑智能化部品、部件生产管理并非是依靠某一系统就能实现的，需要将企业的设计、生产、管理和控制的实时信息引入企业的生产和计划中，实现信息流的无缝集成，采用集成产品数据管理、生产计划与执行控制，是实现智能化制造的一个有效解决方案。

2）智能化部品部件储运管理

智能化部品部件存储管理主要是指建筑部品部件成品后在成品库存中的智能化管理过

程。智能化部品部件运输管理主要是指构件从成品库存到施工现场之间的智能化物流管理。智慧物流主要是增强上下游客户的体验,实现物流全过程的自动化、智能化和网络化,对车辆派送、路线、跟踪、监控等全过程进行专业化、数字化管理。

6.3.3　建筑智能施工

建筑智能施工主要是指通过利用BIM、物联网、云技术、大数据、移动技术、人工智能等新兴信息技术实现施工建造模式的转型,支撑行业高质量发展,推动建筑业数字化,满足我国对新发展模式的核心要求,构建满足人民美好生活需求的核心能力和全新范式。

智慧施工主要的任务是应用一种更智慧的方法来改进工程各干系组织和岗位人员相互交互的方式,以便提高交互的明确性、效率、灵活性和响应速度,通过智慧化施工工艺的应用,在满足工程质量的前提下,实现低资源消耗、低成本及短工期,最后获得高效益等目标;通过装配式建筑智能化施工,实现节能、环保、节材的目标,建筑品质好,施工工期短,后期方便维护。

结合当前行业发展现状,目前主要的应用场景集中在智慧工地应用(图6.19)、装配式建筑智能施工、智能化施工工艺及智能平台建设等方面。图6.20所示为建筑工人在数据控制室内,通过智能施工技术,远程操纵施工机械工作。

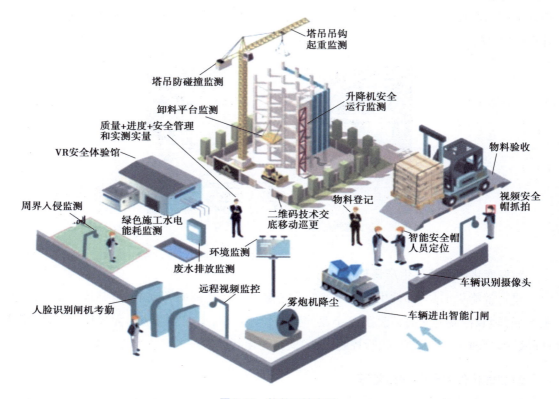

图6.19　智慧工地应用

图6.20　装配式建筑智能施工

6.3.4　建筑智能运维

　　建筑运维(运营与维护)是指建筑在竣工验收完成并投入使用后,整合建筑内人员、设施及技术等关键资源,通过运营,充分提高建筑的使用率,降低经营成本,增加投资收益,并通过维护尽可能延长建筑的使用周期而进行的综合管理。

　　建筑智能运维,是指利用云计算、物联网、BIM、大数据等新一代信息技术对实体建筑进行归类汇总、整理分析、定性与定量评价、发展预测等,进行建筑实体的综合管理,为客户提供规范化、个性化服务,使运维管理朝着正规化、系统化、专业化的方向发展。建筑智能运维通过制定有效的维护计划,合理安排维护资源,促使维护人员高效快速地完成工作,并对维护人员进行有效的考评分析,可提高维护管理的工作效率,降低维护成本。

1)智能化空间管理

　　智能化空间管理是利用信息化、数字化的技术,针对不同的建筑空间,结合具体的需求场景,进行立体化、虚拟化、智能化的管理与应用,打造与整体建筑可感、可视、可管、可控的立体交互,形成一套完整的新型空间管理方式方法。智能化空间管理面向的用户可能是大众,也可能是商户、物业管理方或空间权属方等(图6.21)。

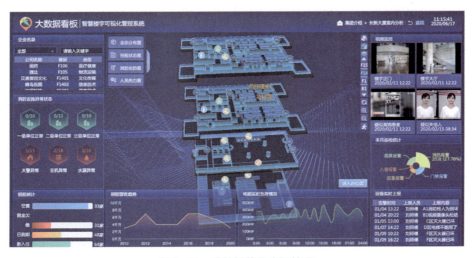

图6..21　建筑智能化空间管理

2）智能化安防管理

智能化安防管理是指，应用智能化手段，以防盗、防劫、防入侵、防破坏等安防管理工作为研究对象，提高各类安防管理工作的服务效率，保护人们的人身财产安全，为人们创造安全、舒适的居住环境。

智能化安防管理通过智能化的手段，对传统的安防工作进行提升。首先，应用智能化监控系统，当出现异常或危险状况时，智能化监控系统能够自动识别，通知管理人员，必要时进行报警；其次，应用智能化门禁系统，可以实现严格控制人员出入；最后，应用智能化设备协助管理人员完成对巡检人员的管理工作，确保巡检人员能够按时、按路线完成巡检工作（图6.22）。

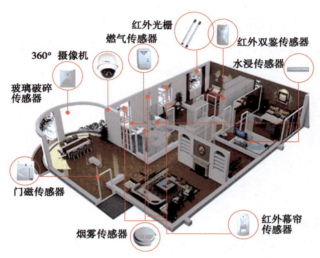

图6.22　建筑智能化安防管理

3）智能化设备管理

智能化设备管理是指，以设备为研究对象，追求设备综合效率，对设备的物质运动和价值运动进行全过程的科学型管理。智能设备管理对传统的设备管理作了两方面的提升，一是设备的智能化，使得设备具有感知功能、自行判断功能，以及行之有效的执行功能；二是管理智能化，通过智能化管理系统的使用，提高设备管理效率。

4）智能化能源管理

智能化能源管理系统，是对楼宇内的所有能源的消耗情况进行查看、分析的管理系统。这里提到的"所有能源"包含但不限于热水、冷水、用电、冷热量等耗能设备的能源。智能化能源管理旨在掌握楼宇内能源消耗情况，在不影响政策经营活动的基础上，通过节能设计进行节能改造，减低楼宇内的能耗，实现设备高效率、低能耗运行（图6.23）。

图6.23　建筑智能化能源管理

课后习题

1. 简述智能建造在建筑行业的应用意义。

2. 智能建造关键技术有哪些？各关键技术分别具有怎样的应用前景？

3. 智能建造在建筑运维中能够发挥哪些作用？

第7章 绿色建筑与近零能耗建筑

7.1 绿色建筑

7.1.1 绿色建筑概述

绿色建筑是指在全寿命期内，节约资源、保护环境、减少污染，为人们提供健康、适用、高效的使用空间，最大限度地实现人与自然和谐共生的高质量建筑。

绿色建筑这一概念的起源，可追溯到20世纪60年代，美籍意大利建筑师保罗·索勒瑞把生态学（Ecology）和建筑学（Architecture）两个词合并，提出了绿色建筑的理念。1991年，布兰达·威尔和罗伯特·威尔夫妇合著的《绿色建筑：为可持续发展而设计》问世，提出了综合考虑能源、气候、材料、住户、区域环境的整体的设计观，引起了建筑行业的广泛关注和认同。1993年，国际建筑师协会UIA大会发表了《芝加哥宣言》，号召全世界建筑师把环境和社会的可持续性列入建筑师职业及其责任的核心。1999年UIA大会发布《北京宪章》，明确要求将可持续发展作为建筑师和工程师在21世纪中的工作准则，在生态观、经济观、科技观、社会观和文化观上重新思考建筑学。

2003年我国《绿色奥运建筑评估体系》出台，开启了我国绿色建筑的规范化时代。2006年，国家标准《绿色建筑评价标准》（GB 50378—2006）发布，开启了绿色建筑定量化评价的时代，并在随后不久发布了绿色建筑标识（图7.1）。

图7.1 绿色建筑标识

2015年11月30日,习近平主席在巴黎气候变化大会开幕式讲话中提到,万物各得其和以生,各得其养以成,中华文明历来强调天人合一,尊重自然。面向未来,中国将把生态文明建设作为"十三五"规划重要内容,落实创新、协调、绿色、开放、共享的发展理念,通过科技创新和体制机制创新,实施优化产业结构、构建低碳能源体系、发展绿色建筑和低碳交通、建立全国碳排放交易市场等一系列政策措施,形成人和自然和谐发展现代化建设新格局。

2016年2月21日,我国发布《中共中央国务院关于进一步加强城市规划建设管理工作的若干意见》中,提出了"适用、经济、绿色、美观"的新建筑方针,将"绿色"写进建筑方针,强化绿色理念在新时期建筑行业中的地位。

国家标准《绿色建筑评价标准》(GB 50378—2019)对现阶段我国绿色建筑的评价提供了依据。规范规定,绿色建筑评价内容包括安全耐久、健康舒适、生活便利、资源节约、环境宜居五个评分项,并设提高与创新加分项。根据评分结果,不仅可以判断某个建筑是否是绿色建筑,还可以对满足绿色建筑要求的建筑进行等级评价。绿色建筑划分为基本级、一星级、二星级、三星级共四个级别,其中三星级为最高。

7.1.2　建筑节能

受我国经济发展水平制约,现阶段我国的绿色建筑,绝大多数是出于节省投资和运行费用的目的建造的。换言之,建筑的节能是我国绿色建筑发展的首要目标。数据显示,我国建筑能耗占全球总建筑能耗的12%,仅低于美国和经合欧洲(图7.2)。虽然我国人均建筑能耗、单位面积建筑能耗都远低于美国等发达国家,但是考虑到我国的能源产量和能源消耗总量,尤其考虑到我国建筑面积的高速增长,发展绿色建筑、降低建筑能耗已经是一件迫在眉睫的事情。

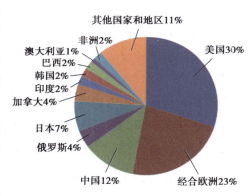

图7.2　全球建筑能耗分布图

建筑节能是指在建筑材料生产、房屋建筑和构筑物施工及使用过程中,满足同等需要或达到相同目的的条件下,尽可能降低能耗。

全面的建筑节能,就是建筑全寿命过程中每一个环节节能的总和,是指建筑在选址、规划、设计、建造和使用过程中,通过采用节能型的建筑材料、产品和设备,执行建筑节能标准,加强建筑物所使用的节能设备的运行管理,合理设计建筑围护结构的热工性能,提高采暖、制冷、照明、通风、给排水和管道系统的运行效率,以及利用可再生能源,在保证建筑物使用功能和室内热环境质量的前提下,降低建筑能源消耗,合理、有效地利用能源。全面的建筑节能是一项系统工程,必须由国家立法、政府主导,对建筑节能作出全面的、明确的政策规定,并由政府相关部门按照国家的节能政策,制定全面的建筑节能标准;要真正做到全面的建筑节能,还须由设计、施工、各级监督管理部门、开发商、运行管理部门、用户等各个环节,严格按照国家节能政策和节能标准的规定,全面贯彻执行各项节能措施,从而使每一位公民真正树立起全面的建筑节能观,将建筑节能真正落到实处。

目前,减少能源需求的方法主要有完善建筑规划与设计、优化围护结构、提高终端用户用能效率、提高总的能源利用效率、利用新能源等。

1)完善建筑规划与设计

面对全球能源环境问题,不少全新的设计理念应运而生,如微排建筑、低能耗建筑、零能建筑等,它们本质上都要求建筑师从整体综合设计概念出发,坚持与能源分析专家、环境专家、设备师和结构师紧密配合。在建筑规划和设计时,根据大范围的气候条件影响,针对建筑自身所处的具体环境气候特征,重视利用自然环境(如外界气流、雨水、湖泊和绿化、地形等)创造良好的建筑室内微气候,以尽量减少对建筑设备的依赖。具体措施可归纳为以下3个方面:

①合理选择建筑的地址。

②采取合理的外部环境设计(主要方法为:在建筑周围布置树木、植被、水面、假山、围墙)。

③合理设计建筑形体(包括建筑整体体量和建筑朝向的确定),以改善既有的微气候。

2)优化围护结构

建筑围护结构组成部件(屋顶、墙、地基、隔热材料、密封材料、门和窗、遮阳设施)的设计对建筑能耗、环境性能、室内空气质量与用户所处的视觉和热舒适环境有根本的影响。一般增大围护结构的费用仅为总投资的3%～6%,而节能却可达20%～40%。通过改善建筑物围护结构的热工性能,在夏季可减少室外热量传入室内,在冬季可减少室内热量的流失,使建筑热环境得以改善,从而减少建筑冷、热消耗。

3)提高终端用户用能效率

高能效的采暖、空调系统与上述削减室内冷热负荷的措施并行,才能真正地减少采暖、空调能耗。首先,根据建筑的特点和功能,设计高能效的暖通空调设备系统,如热泵系统、蓄能系统和区域供热、供冷系统等。然后,在使用中采用能源管理和监控系统监督和调控室内的舒适度、室内空气品质和能耗情况。

4)提高总的能源利用效率

从一次能源转换到建筑设备系统使用的终端能源的过程中,能源损失很大。因此,应从全过程(包括开采、处理、输送、储存、分配和终端利用)进行评价,才能全面反映能源利用效率和能源对环境的影响。建筑中的能耗设备,如空调、热水器、洗衣机等应选用能源效率高的能源供应。

5)利用新能源

在节约能源、保护环境方面,新能源的利用起至关重要的作用。新能源通常指非常规的可再生能源,包括有太阳能、地热能、风能、生物质能等。人们对各种太阳能利用方式进行了广泛的探索,逐步明确了发展方向,使太阳能初步得到一些利用。但从总体而言,太阳能利用的规模还不大,技术尚不完善,商品化程度也较低,仍需要继续深入广泛地研究。在利用地热能时,一方面,可利用高温地热能发电或直接用于采暖供热和热水供应;另一方面,可借助地源热泵和地道风系统利用低温地热能。风能发电较适用于多风海岸线山区和易引起强风的高层建筑,在英国和中国香港地区已有成功的工程实例,但在建筑领域,较为常见的风能利用形式是自然通风方式。

7.1.3　建筑采光

1)光与建筑

空间是建筑的实质,而光是建筑空间的灵魂。人们对空间的感知和体验必须有光的参与,光为建筑空间带来照明和活力。可以说,光是空间中最生动、最活跃的元素之一,是建筑空间设计中必须考虑的问题。从科学意义上讲,我们看到的是光在实体上的反射,而非实体本身,我们视觉感知的空间,是光与实体相互作用的结果,光与实体存在着对应性,两者互为基础,相互补充。光并不仅仅是为了满足人们最基本的"看"的需求,实体造型也并不是要构筑孤立的视觉刺激,两者由于共同的指向——塑造空间的氛围,而成为一个整体,并在整体的构筑中达到了一种互动的关系——通过共同的作用从而表达最佳的空间意向。光与空间一体化的关系倡导光与空间双向的互动设计模式,塑造满足人们视觉生理和心理健康的建筑及环境空间。

建筑引入天然光,在白天可以节省能源,大大降低建筑消耗。因此在设计建筑时,需要考虑天然光。天然光不仅可以代替人工照明,减少照明能源的使用,而且还能影响建筑热负荷和冷负荷。因此,天然采光设计不仅应满足天然采光数量及光环境质量的要求,还需综合各专业设计人员的意见和要求。

2)窗洞口

为了获得天然光,人们在房屋的外围护结构(墙、屋顶)上开了各种形式的洞口,装上各种透光材料,如玻璃、乳白玻璃或磨砂玻璃等,以免遭受自然界的侵袭(如风、雨、雪等)。这些装有透明材料的孔洞统称为窗洞口。按照窗洞口所处位置,可分为侧窗和天窗两种。有的建筑同时兼有侧窗和天窗(图7.3),称为混合采光。

窗洞口不仅起采光作用,有时还需起泄爆、通风等作用。这些作用与采光要求有时是一致的,有时可能是矛盾的。这就需要我们在考虑采光的同时,综合的考虑其他问题,妥善地加以解决。

图7.3　天窗

3)采光系统

(1)导光管

导光管系统又称为管道式日光照明系统,其工作原理是通过采集罩,高效采集天然光线导入系统内,再经过特殊制作的光导管路传输和强化后,由系统底部的漫射装置把天然光均匀高效的照射到任何需要光线的地方,得到由天然光带来的特殊照明效果。因其利用多次反射过滤掉大部分天然光中的红外线和紫外线,导入的可见光可为室内提供更加健康、环保的光环境,太阳能导光管技术被广泛运用于各类型建筑中,特别是有地下空间或无窗空间的建筑空间中(图7.4)。

图7.4　导光管

(2)百叶窗

百叶窗是一种传统的采光系统,可以用于遮阳、防止眩光和控制光的方向。该系统一般设置在窗户的外部或内部,或位于玻璃窗格之间(图7.5)。

图7.5　百叶窗

通过调节角度,百叶窗可以部分或完全遮挡窗户的观景视线。在阳光明媚的天气,光线透过百叶窗会形成非常明亮的线条,造成眩光问题。当百叶窗处于水平角度时,由于板条和相邻表面之间的亮度对比度增加,来自天空的直射光和漫射光都会增加窗户的炫光问题。通常向上倾斜百叶窗会增大眩光以及天空的可见度,向下倾斜百叶窗会形成阴影并减少眩光问题。如果选择亚光而不是光滑的板条饰面,则可以减少眩光问题。百叶窗可以通过反射来增加光直射的照射进深。当天空阴暗时,百叶窗有助于日光的均匀分布。

7.2　近零能耗建筑

7.2.1　近零能耗建筑与被动式建筑

近零能耗建筑是指,适应气候特征和场地条件,通过被动式建筑设计,最大幅度降低建筑供暖、空调、照明需求,通过主动技术措施最大幅度提高能源设备与系统效率,充分利用可再生能源,以最小的能源消耗提供舒适室内环境,且其室内环境参数和能耗指标符合行业标准《近零能耗建筑技术标准》(GB/T 51350—2019)规定的建筑。近零能耗建筑的能耗水平应较国家标准《公共建筑节能设计标准》(GB 50189—2015)和行业标准《严寒和寒冷地区居住建筑节能设计标准》(JGJ 26—2010)、《夏热冬冷地区居住建筑节能设计标准》(JGJ 134—2016)、《夏热冬暖地区居住建筑节能设计标准》(JGJ 75—2012)相关规定降低60%~75%以上。

这里提到的"被动式建筑(Passive House)",主要是指在实现建筑使用舒适度和建筑节能环保的技术环节上,不依赖于建筑设备的能源供给,而是通过完善建筑自身的空间形式、围护结构、建筑材料与构造等,大幅度提升围护结构热工性能和气密性,同时利用高效新风热回收技术,将建筑供暖需求降低的建筑(图7.6)。被动式建筑的概念,最早是由德国人沃尔夫冈·费斯特教授提出。1991年,沃尔夫冈·费斯特教授在德国的达姆施塔特建成了第一座被动式建筑,并在之后建立了被动式建筑研究机构,在世界范围内推广被动式建筑建造技术。2010年上海世博会上,德国馆的被动式建筑"汉堡之家"一经展出便得到国内建筑行业广泛关注,并成为世博会后除中国国家馆外少数被保留下来的场馆(图7.7)。

图7.6　被动式建筑示意图

被动式建筑是实现近零能耗建筑甚至零能耗建筑的一种重要技术体系。美国要求2020—2030年"零能耗建筑"应在技术经济上可行;韩国提出2025年全面实现零能耗建筑。许多国家都在积极制定近零能耗建筑发展目标和技术政策,建立适合本国特点的近零能耗建筑标准及相应技术体系,近零能耗建筑正在成为建筑节能的发展趋势。

图7.7　被动式建筑汉堡之家

7.2.2　近零能耗建筑技术标准

1)基本规定

近零能耗建筑设计应根据气候特征和场地条件,通过被动式设计,降低建筑冷热需求,提升主动式能源系统的能效,达到超低能耗。在此基础上,利用可再生能源,对建筑能源消耗进行平衡和替代,从而达到近零能耗,如有条件宜实现零能耗。

近零能耗建筑应以室内环境参数及能效指标作为约束性指标,围护结构、能源设备和系统等性能参数应作为推荐性指标。

近零能耗建筑应采用性能化设计、精细化的施工工艺和质量控制及智能化运行模式。这里提到的"性能化设计",是指以建筑室内环境参数和能效指标为性能目标,利用建筑模拟工具,对设计方案进行逐步优化,最终达到预定性能目标要求的设计过程。

近零能耗建筑应进行全装修。室内装修应简洁,不应损坏围护结构气密性和影响气流组织,并宜采用获得绿色建材标识或认证的材料与部品。

2)室内环境参数

近零能耗建筑主要房间室内热湿环境参数应符合表7.1规定。

表7.1　建筑主要房间室内热湿环境参数

室内热湿环境参数	冬季	夏季
温度(℃)	≥20	≤26
相对湿度(%)	≥30	≤60

注:1.冬季室内相对湿度不参与设备选型和能效指标的计算。

　　2.当严寒地区不设置空调设施时,夏季室内热湿环境参数可不参与设备选型和能效指标的计算,当夏热冬暖和温和地区不设置供暖设施时,冬季室内热湿环境参数可不参与设备选型和能效指标的计算。

近零能耗居住建筑主要房间的室内新风量不应小于30 m³/(h·人)。近零能耗居住建筑室内噪声,昼间不应大于40 dB(A),夜间不应大于30 dB(A),dB是噪声单位分贝(Decibel)的缩写,(A)表示频率加权特性为A,即分贝测试仪调至A挡测得的噪声分贝读数。

3)能效指标

近零能耗居住建筑的能效指标应符合表7.2规定,近零能耗公共建筑能效指标应符合表7.3规定。

表7.2　近零能耗居住建筑能效指标

建筑能耗综合值		≤55 kWh/(m²·a)或≤6.8 kgce/(m²·a)				
建筑本体性能指标	供暖年耗热量[kWh/(m²·a)]	严寒地区	寒冷地区	夏热冬冷地区	温和地区	夏热冬暖地区
		≤18	≤15	≤8		≤5
	供冷年耗冷量[kWh/(m²·a)]	≤3+1.5×WDH_{20}+2.0×DDH_{28}				
	建筑气密性(换气次数 N_{50})	≤0.6		≤1.0		
	可再生能源利用率	≥10%				

注:1.建筑本体性能指标中的照明、生活热水、电梯系统能耗通过建筑能耗综合值进行约束,不作分项限值要求;
2.本表适用于居住建筑中的住宅类建筑,面积的计算基准为套内使用面积;
3.WDH_{20}(Wet-bulb degree hours 20)为一年中室外湿球温度高于20 ℃时刻的湿球温度与20 ℃差值的逐时累计值(单位:kWh);
4.DDH_{28}(Dry-bulb degree hours 28)为一年中室外干球温度高于28 ℃时刻的干球温度与28 ℃差值的逐时累计值(单位:kWh)

表7.2中提到的建筑能耗综合值是指在设定计算条件下,单位面积年供暖、通风、空调、照明、生活热水、电梯的终端能耗量和可再生能源系统发电量,利用能源换算系数统一换算到标准煤当量后,两者的差值。其计量单位 kWh/(m²·a)表示年均电量千瓦时/每平方米套内使用面积,计量单位 kgce/(m²·a)表示年均标准煤量千克/每平方米套内使用面积。

表7.2中提到的供暖年耗热量是指在设定计算条件下,为满足室内环境参数要求,单位面积年累计消耗的需由室内供暖设备供给的热量;供冷年耗冷量是指在设定计算条件下,为满足室内环境参数要求,单位面积年累计消耗的需由室内供冷设备供给的冷量。

表7.2中提到的建筑气密性是指建筑在封闭状态下阻止空气渗透的能力,用于表征建筑或房间在正常密闭情况下的无组织空气渗透量。通常采用压差实验检测建筑气密性,以缓起次数 N_{50}(室内外50 Pa压差下换气次数)来表征建筑气密性。

表7.2中提到的可再生能源利用率,是指供暖、通风、空调、照明、生活热水、电梯系统中可再生能源利用量占其能量需求量的比例。

表7.3　近零能耗公共建筑能效指标

建筑综合节能率		≥60%				
建筑本体性能指标	建筑本体节能率	严寒地区	寒冷地区	夏热冬冷地区	温和地区	夏热冬暖地区
		≥30%		≥20%		
	建筑气密性(换气次数 N_{50})	≤1.0		—		
可再生能源利用率		≥10%				

注:本表也适用于非住宅类居住建筑。

表7.3中提到的建筑综合节能率是指设计建筑和基准建筑的建筑能耗综合值的差值,与基准建筑的建筑能耗综合值的比值;建筑本体节能率是指,在设定计算条件下,设计建筑不包括可再生能源发电量的建筑能耗综合值与基准建筑的建筑能耗综合值的差值,与基准建筑的建筑能耗综合值的比值。这里提到的基准建筑是指,计算建筑本体节能率和建筑综合节能率时,用于计算符合国家标准《公共建筑节能设计标准》(GB 50189—2015)和行业标准《严寒和寒冷地区居住建筑节能设计标准》(JGJ 26—2010)、《夏热冬冷地区居住建筑节能设计标准》(JGJ 134—2016)、《夏热冬暖地区居住建筑节能设计标准》(JGJ 75—2012)相关要求的建筑能耗综合值的建筑。

课后习题

1. 简述绿色建筑的推广意义。
2. 实现建筑节能的方法有哪些?
3. 简述近零能耗建筑的推广意义。

第8章　装配式建筑人才培养

8.1　目前存在的问题

1)顶层设计

建设行业要全面贯彻落实生态文明建设、高质量发展及"碳达峰、碳中和"发展要求,大力推进工业化建造、智能建造和绿色建造,努力培育现代建筑产业,加快推进建筑产业现代化。到 2035 年,建筑业发展质量和效益大幅提升,建筑工业化全面实现,建筑品质显著提升,企业创新能力大幅提高,高素质人才队伍全面建立,产业整体优势明显增强,"中国建造"核心竞争力世界领先,迈入智能建造世界强国行列,全面服务社会主义现代化强国建设。

2)设计深化

传统设计院较难承接装配式项目的深化设计工作:

①深化设计相对传统设计,要到构件层次,图纸设计工作量增长 2~3 倍甚至更多,这还只是工作量和经济因素的问题。

②关键问题是搞深化设计需要考虑生产加工因素、考虑运输因素、考虑现场施工吊装问题。这些问题恰恰是从院校、研究所直接到设计院的设计者较难考虑到的问题。

③需要有多年装配式构件生产和施工经验的人员考虑诸多现场问题,方能做深化设计,类似空调通风系统的现场深化设计。不需要结构设计、受力验算分析,但一定要有现场的经验及多年经验的积累。

④目前专业深化设计公司全国只有 10 余家。

⑤随着装配项目的增多、装配量的增大,对人才的需求量非常大。

3)构件生产

当前最大的问题是模具的标准化、可复用化。由于墙板均为出筋、甩筋设计,每个项目设计均不同,钢筋粗细不同、间距不同,导致大量模具在项目结束后只能按废铁进行残值处理,很少重复利用,模具复用率低。

自动生产线多引进国外生产线,实际使用效率不高。

4)装配施工

目前全国各地装配式作法及装配率各不同,属于百花齐放状态,没有成熟固定做法,都在摸索中总结经验,劳务也在不断地总结成熟经验。

行业工人的培训需求旺盛,但相对传统施工,人员需求量大幅减少,施工操作难度也在逐步降低。

5)总结归纳

①缺乏完整统一的标准化体系,标准化建设工作有待推进,包括设计技术标准、施工技术标准、构件生产标准、运输标准、现场吊装标准、成本计量标准等。

②各地政策和技术标准不统一,发展差异性大。

③目前装配式建筑整体占有率仅5%,且各种装配形式和各种方案并存,大家仍在探索合适自己的模式。

④目前行业整体仍处于初级阶段,设计、生产、施工、成本等各环节都在磨合和寻找解决方案。

⑤设计二维、三维并存,二维仍占多数,BIM技术在装配设计、生产、施工等环节大有可为。

⑥生产企业大多数仍比较传统,需要进行信息化转型,需要配套的场区管理系统、进出库管理系统、物流追踪系统等,自动化生产线需要本土化。

⑦设计、生产、施工沟通协调不顺,装配式建筑中EPC模式是大势所趋,设计、生产、施工一体化势在必行。这时设计阶段将显得尤为重要,设计方案也将起关键作用,从BIM设计开始的设计、生产、施工的协同将会发挥更大作用。

⑧装配式的专业人才培养跟不上。拆分设计、深化设计、模具设计、现场施工需求是装配式人才需求的高度集中点;BIM技术具备天然的三维建模信息化优势,传统的CAD画图出图较难解决装配量及装配率逐步提升的行业需求。EPC模式可有效打破各单位之间的沟通和技术壁垒,装配式+BIM+EPC是未来行业发展之势。

对于装配式人才的培养,要先落地于认知层次的培养,掌握相关的装配式识图与生产、施工工艺工法,重点掌握企业关注的行业应用技能,聚焦BIM应用、拆分设计、深化设计,为未来装配式人才储备核心竞争力。

8.2 专业建设背景

目前,我国建筑业正处于由传统建造模式向新型建筑工业化转变的进程中。2021年10月,国务院发布《2030年前碳达峰行动方案的通知》,要求推广绿色低碳建材和绿色建造方式,加快推进新型建筑工业化,大力发展装配式建筑。装配式建筑作为一种新型建造方式,可以推动传统建筑业从分散、落后的手工业生产方式,跨越到以现代技术为基础的社会化大工业生产方式,有利于实现"提高质量、提高效率、减少人工、节能减排"的"两提两减"目标,提升建筑业对实现"碳达峰、碳中和"目标的贡献度,是建筑行业转型发展的必由之路。

①建筑业高质量发展形势紧迫。当前,我国经济已由高速增长阶段转向高质量发展阶段,正处在转变发展方式、优化经济结构、转换增长动力的攻关期。建筑业长期以来发展粗放,科技贡献率不足30%,一线作业人员以进城务工人员为主,且平均年龄逐年提升,40岁以下的从业人员仅占14.5%,建筑业劳动生产率和建筑品质提升遇到瓶颈,传统建筑产业亟需转变发展方式,向现代建筑产业转型升级。

②政策引导力度逐步加大。住建部发布的《"十四五"建筑业发展规划》提出,到2025年装配式建筑占新建建筑的比例达到30%以上的发展目标;装配式建筑较传统建筑优势明显,垃圾排放量减少65%,粉尘水平下降20%,工期缩短20%~45%,现场施工人数至少减少60%。2022年,全国新开工装配式建筑面积达8.1亿平方米,较2021年增长9.46%,占新建建筑面积的比例为26.2%;2023年新开工约7.6亿平米,累计面积约达到31亿平方米。

③产业标准支撑逐步形成。围绕建筑"工业化、智能化、绿色化"产品及技术应用,编制发布《装配式混凝土住宅建筑结构设计规程》《装配式建筑混凝土预制构件生产技术标准》《装配式住宅部品标准》《智慧工地建设与评价标准》《绿色建材评价标准》等标准、图集近100项,指导装配式建筑、智能建造、绿色建造技术实施,为现代建筑产业发展持续提供技术支撑。

④智能建造与新型建筑工业化协同发展。建筑工业化、数字化、智能化、绿色化密不可分,相互依存,融合发展是实现建筑产业高质量发展的核心。建筑工业化是建造方式转变的核心基础,数字化是智能生产和建造、赋能的手段,绿色化是建材生产、装配建造过程中节能减排和低碳环保的要求和目标。智能生产和智慧建造是装配式建筑的发展趋势。

⑤"好房子"和"一带一路"建设。住建部在大力推动"好房子"的建设,强调要让人民群众住上更好的房子。通过发展智能化、装配式等新型建造方式,实现规模化、数字化转型升级。随着建筑发展新模式的逐步建立,一定能够推动建筑业转型升级、实现建筑工业化和高质量发展。

另外,越来越多的装配式企业发挥技术优势,积极参与"一带一路"建设。中建、中铁、中交、中铁建、河北新大地、珠峰科技等大型企业正在走出国门,在中东、东南亚、太平洋岛国、欧洲、美洲、非洲、俄罗斯远东等建构件厂,实施装配式建造,包括装配式住宅、公建、工业厂房、市政、桥梁和体育场馆等基础设施。中铁建大桥局为柬埔寨建设了装配式体育馆,河北新大地为俄罗斯远东提供了优良的立模构件生产线……

建筑的工业化是实现住宅产业化的必然途径,只有通过现代化的制造、运输、安装和科学管理的大工业的生产方式,才能代替传统建筑业中分散的、低水平的、低效率的手工业生产方式。实现建筑工业化就是以技术为先导,采用先进、适用的技术和装备,在建筑标准化的基础上,发展建筑构配件、制品和设备的生产,培育技术服务体系和市场的中介机构,使建筑业生产、经营活动逐步走上专业化、社会化道路。

8.3 人才需求

目前,国内装配式建筑人才培育机制尚未健全,特别是全日制专业培育相对匮乏,高等院校、专科学校尚缺乏装配式相关专业课设置,导致装配式建筑发展后备人才不足。

为深入贯彻落实《国家职业教育改革实施方案》(以下简称"职教20条"),适应建筑行业新经济、新技术、新业态、新职业,2021年3月教育部发布"关于印发《职业教育专业目录(2021年)》的通知(教职成〔2021〕2号)"(以下简称《目录》),对专业目录进行改造和升级。《目录》调整后,中职、高职专科、高职本科均设建筑设计、城乡规划与管理、土建施工、建筑设备、建设工程管理、市政工程和房地产7个专业类。土木建筑大类总数为70个,其中中职、高职专科、高职本科分别为18个、34个和18个。为了满足建筑工业化发展对技术技能人才的需求,土建施工类新增中职装配式建筑施工专业、高职专科装配式建筑工程技术、智能建造技术专业。高职专科专业保留4个,即建筑工程技术、地下与隧道工程技术、土木工程检测技术、建筑钢结构工程技术(见图8.1)。

4403 土建施工类		
171	440301	建筑工程技术
172	440302	装配式建筑工程技术
173	440303	建筑钢结构工程技术
174	440304	智能建造技术
175	440305	地下与隧道工程技术
176	440306	土木工程检测技术

图8.1 土建类专业设置

2020年2月,人社部职业技能鉴定中心发布16个新职业中,"装配式建筑施工员"职业正式纳入国家职业分类目录。装配式建筑施工员职业定义为:在装配式建筑施工过程中从事构件安装、进度控制和项目现场协调的人员。本次装配式建筑施工员新职业岗位的发布,既为装配式建筑行业带来新的发展契机,也带来了新的行业规范和职业要求。

对于建筑产业现代化企业来说,在企业快速发展时,人才保障非常关键。但由于现代建筑工业与住宅产业化是一个新行业,不同于传统的土建行业和构件生产行业,所以现代建筑工业化企业比起单纯的制造厂或建筑公司更特殊,更难管理,也更具风险。单纯从工民建专业进入现代建筑工业化行业的毕业生,一开始都不能很快地适应现代建筑工业化的技术工作,还需要经过较长时间的磨合与再学习,才能较好地开展工作。工民建专业的人员缺少建筑部品生产工艺知识,做出的细化图不符合工艺要求,而预制构件专业的人员则缺少建筑构造和建筑力学的基本知识,虽然对部品的生产很清楚,但是对总装形成的整体建筑缺乏了解。由于将现代建筑工业与住宅产业化纳入土建系统,而建筑工业化与土建又有着较大差异,造成培训出来的人员不能适应相应工作,项目经理也不能适应预制装配式工程的管理。总而言之,目前高校尚不能给企业提供对口人才,企业只能择优录取再进行人才再培养。这对现代建筑工业与住宅产业化行业的人才储备和成长发展造成了极大障碍。如果能在高等院校中直接培养这两方面结合得很好的人才，就会逐步解决建筑工业化行业人才短缺的问题。

建筑产业现代化发展的最终目标是形成完整的产业链。投资融资、设计开发、技术革新、运输装配、销售物业等，独木不成林，整个产业链与高校的协作配合也是人才培养的关键。通过协作培植优秀专职、兼职教师队伍，制订培养规划，设计培养路线，把握学习培养机制，调整和优化专业结构，开发精品教材等，来逐步开展产业链上不同人才需求培养。特别是要结合重要工程、重大课题来培养和锻炼师资队伍，通过学术交流、合作研发、联合攻关、提供咨询等形式，走出去、请进来，增强优化教师梯队建设，缓解当前产业高歌猛进，人才缺口成"拦路虎"的局面，也有利于解决短期人才培训和长期人才培养、储备的矛盾。

培养建筑产业现代化复合型人才是一个复杂的系统工程，需要众多要素的协调和配合，要注意面向建筑产业发展的需求，深化产学研合作，构建教学、科研、企业三位一体的教育格局。"十年树木，百年树人"。面对当前建筑产业现代化人才短缺的困境，必须遵循人才培养与成长规律，逐步推进，构建合理有效的建筑产业现代化复合型人才培养体系，把握好当前人才短缺与长期人才培养储备的平衡，为促进国家建筑产业现代化的健康、良性发展贡献力量。

8.4　人才培养（扫下方二维码阅读）

人才培养

8.5　建议解决方案

①高校应当针对装配式目前所处的阶段，首先重点解决对行业认知层次的问题，认识行业、普及认识、正视问题及矛盾。

②认知领域：掌握最基本的识图、生产、施工工艺工法，不管将来从事装配式任何岗位工作，识图和生产、施工工艺是必须要掌握的最基本的能力。以单项目管理模式的传统现浇工程正在转化为像造冰箱造汽车一样的流水线模式，因此需要普及工业制造管理相关的知识。

③将来就业的学生一部分要走向施工单位，所以需要具备施工进度、场地管理、施工信息化管理、装配式预算造价等工作技能。

④另外一部分学生会走向构件生产厂。其中构件深化设计、模具翻模设计是需求集中、

需求量非常大的两个方面，但目前信息化手段不足，信息化应用不高，仍靠传统的二维CAD设计加上多年的工作经验积累才能胜任，因此效率非常低。随着装配项目的增多，此方面满足不了社会的需求。

⑤BIM技术具有天然的技术优势，如果学生能及早掌握拆分设计、深化设计、模具设计、碰撞检测等相关应用技能，则在工作2~3年后便可在行业的应用难点领域寻求到突破口。

⑥装配式的发展与BIM技术的应用息息相关，未来装配式关键节点的突破离不开BIM技术的应用与创新。装配式BIM技术的应用正是寻求BIM在高校落地应用之处。

⑦装配式处在初期快速发展阶段，技术更新迭代较快，学校考虑实训教学建设时方案应当避重就轻，避实就虚，便于后续不断调整与更新迭代。

装配式建筑实训
基础建设方案

装配式建筑
AR应用

参考文献

［1］中华人民共和国住房和城乡建设部.装配式混凝土建筑技术标准（GB/T 51231—2016）［S］.北京：中国建筑工业出版社，2017.

［2］中华人民共和国住房和城乡建设部.装配式混凝土结构技术规程（JGJ 1—2014）［S］.北京：中国建筑工业出版社，2014.

［3］中华人民共和国住房和城乡建设部.装配式建筑评价标准（GB/T 51129—2017）［S］.北京：中国建筑工业出版社，2017.

［4］中华人民共和国住房和城乡建设部.钢筋套筒灌浆连接应用技术规程（JGJ 355—2015）［S］.北京：中国建筑工业出版社，2015.

［5］中华人民共和国住房和城乡建设部.钢筋连接用灌浆套筒（JGJ 398—2019）［S］.北京：中国建筑工业出版社，2019.

［6］中华人民共和国住房和城乡建设部.钢筋连接用套筒灌浆料（JGJ 408—2019）［S］.北京：中国建筑工业出版社，2019.

［7］中国建筑标准设计研究院.桁架钢筋混凝土叠合板（60 mm厚底板）（15G 366—1）［S］.北京：中国计划出版社，2015.

［8］中国建筑标准设计研究院.预制混凝土剪力墙内墙板（15G 365—2）［S］.北京：中国计划出版社，2015.

［9］中国建筑标准设计研究院.装配式混凝土连接节点构造（15G 310）［S］.北京：中国计划出版社，2015.

［10］《中国建筑业信息化发展报告（2021）智能建造应用与发展》编委会.中国建筑业信息化发展报告（2021）智能建造应用与发展［M］.北京：中国建筑工业出版社，2021.

［11］中华人民共和国住房和城乡建设部，国家市场监督管理总局.近零能耗建筑技术标准（GB/T 51350—2019）［S］.北京：中国建筑工业出版社，2019.

［12］中华人民共和国住房和城乡建设部.混凝土结构工程施工质量验收规范（GB 50204—2015）［S］.北京：中国建筑工业出版社，2015.

［13］中华人民共和国住房和城乡建设部.建筑施工安全检查标准（JGJ 59—2011）［S］.北京：中国建筑工业出版社，2011.

［14］中华人民共和国住房和城乡建设部.混凝土结构设计规范（2015年版）（GB 50010—2010）［S］.北京：中国建筑工业出版社，2015.